実践!! 食品工場のハザード管理

矢野俊博　編著

幸書房

はじめに

　ハザードという語句が日本で定着したのは、日本版 HACCP である総合衛生管理製造過程の承認制度が導入された平成 8 年頃からであろう。この間、食品企業は製品の安全性を担保するために、HACCP の考え方を取り入れ、安全な食品を製造することに取り組んできている。また、HACCP や ISO 22000 のような食品の安全を保証するシステムが構築されたのみではなく、そこで使用されるハザード回避の技術や方法論の改善、新規開発なども進展している。例えば、次亜塩素酸水の食品添加物（殺菌剤）としての認可、異物検出への画像処理装置の導入などがあり、これらによって、殺菌効率の向上のみではなく殺菌剤による環境負荷の軽減や、従来の金属検出機や X 線異物検出機では検出されなかった毛髪なども検出が可能になってきた。

　一方、本書の制作中にも、新しいハザードの出現が見られている。すなわち、ユッケを原因とする腸管出血性大腸菌 O 111 による食中毒事件や、ヨーロッパで広まっている同じく O 104 による食中毒事件である。これらの大腸菌は元々弱毒性であったが変異し強毒性になったと考えられている。この経緯は同 O 157 がシガトキシン（赤痢菌の毒素）生産性を獲得したことを彷彿とさせる。また、地球温暖化によるマリントキシンの北上や、食糧を全世界に依存している我が国においては、輸入食糧中に含有されているハザードにも注目する必要がある。

　本書は、これらのハザードに対応すべく、それぞれの立場で取り組んでおられる専門家の方々に、その経験を活かして執筆をお願いした。

　本書の内容は、具体的なハザードに対する防止策とその考え方について触れている。前者では異物、アレルゲン、微生物、害虫、化学薬剤、賞味期限を、後者では職場意識の向上、工場点検の方法、クレーム管理、を対象にしている。そのため、食品企業で品質管理や品質保証に携わっておられる方々に活用して頂き、食品の安全確保の一助になればと考えている。

　終わりに、本書の出版にあたり、全面的に協力していただいた株式会社幸書房の夏野雅博部長をはじめ編集部の皆様に感謝いたします。

2011 年 8 月　　矢野　俊博

執筆者一覧 (執筆順)

矢野　俊博	石川県立大学　生物資源環境学部　食品科学科　教授
子林　勝義	カルビー（株）品質保証部　部長
津田　訓範	シーアンドエス（株）西日本事業部 セールス部　スーパーバイザー
谷　壽一	シーアンドエス（株）代表執行役 社長
柳平　修一	雪印メグミルク（株）品質保証部・分析センター長
川口　昇	雪印メグミルク（株）広報部長
石向　稔	国際衛生（株）事業企画部・部長
小堺　博	上野製薬（株）食品事業統括本部　食品技術開発部　部長
髙橋　貞三	（株）アーゼロンシステムコンサルタント　代表取締役
野村　尚良	生活協同組合連合会ユーコープ事業連合　生鮮商品部　瀬谷工場　品質担当
荒木惠美子	東海大学　海洋学部　水産学科　食品科学専攻　専任教授
新蔵登喜男	（有）食品環境研究センター　取締役
高澤　秀行	（株）高澤品質管理研究所　代表取締役

目　次

はじめに　iii

序章　食品工場での品質・安全性向上を目指して──ハザードとは何か──……………1

　はじめに　1
　食の多様化　1
　ハザードとは　2
　ハザード対策　4
　安全性向上を目指して　5
　おわりに　6

第1章　食品工場での異物混入対策………………………………7

　1.1　異物の定義と重大異物　7
　　1.1.1　異物の定義　7
　　1.1.2　主な異物の分類　7
　　1.1.3　重大異物の定義　8
　　1.1.4　異物混入と法規制　9
　　1.1.5　異物クレームの現状　9
　　1.1.6　本章で扱う対象異物　10
　1.2　異物混入防止の基本的な考え方　10
　　1.2.1　発生源対策と流出防止対策　10
　　1.2.2　労働災害から学ぶこと　11
　　1.2.3　従業員意識　12
　　1.2.4　発生源対策の基本原則　12
　　1.2.5　発生源の管理　13
　　1.2.6　流出防止対策　14
　1.3　毛髪の混入防止対策　15
　　1.3.1　混入毛髪の分析と評価　15

1.3.2　混入経路・工程および原因の特定　　16
　　1.3.3　毛髪混入防止対策の考え方　　17
　　　　(1) 混入原因の分類　　17
　　　　(2) 混入防止のための基準作りと指導の徹底　　17
　　1.3.4　毛髪混入防止のための実践　　19
　　　　(1) 原材料起因の毛髪混入防止　　19
　　　　(2) 工程内起因の毛髪混入防止　　19
　　　　(3) 作業服の更衣から製造場へ　　20
　　　　(4) エアシャワーの管理　　21
　　　　(5) 落下毛髪のモニタリングと作業中の注意　　22
　　　　(6) 設備上の対策　　23
　　　　(7) 外部業者への対策　　24
1.4　金属異物を中心とした混入防止対策　　24
　　1.4.1　磁石の知識と使用上の注意　　24
　　1.4.2　金属検出機　　25
　　　　(1) 金属検出機の知識と特徴　　25
　　　　(2) 金属検出機の使用・管理上の注意　　27
　　1.4.3　X線異物検出機　　27
　　　　(1) X線異物検出機の知識と特徴　　27
　　　　(2) X線異物検出機の使用・管理上の注意　　28
1.5　識別管理と誤出荷の防止　　29
　　1.5.1　識別管理と24時間ルール　　29
　　1.5.2　トレーサビリティー　　30
1.6　是正処置と予防処置　　30
　　1.6.1　最後は人　　31
　　　　(1) ルール・基準の遵守の徹底　　31
　　　　(2) 教育と訓練　　32

第2章　食品工場の食物アレルゲンコントロールプログラム　　34

2.1　日本における食物アレルゲン表示の取り組みの経緯　　35
2.2　カナダの食物アレルゲン予防プラン　　36
2.3　食物アレルゲンコントロールの考え方　　37

2.4 食物アレルゲンコントロールプログラムの進め方　38
2.4.1 インスペクションによる確認　38
2.4.2 食物アレルゲンコントロールプログラムの作成　39
(1) 原材料の管理（供給者の管理と点検）　39
(2) 製造施設の管理　41
(3) 製造工程の管理（原材料保管、生産順など）　43
(4) 食物アレルゲン除去のための洗浄（製造機械、製造環境の衛生管理）　44
(5) 動線管理（食物アレルゲンマップ）　52
(6) 従業員の教育、訓練　52
(7) 食物アレルゲン監査　52

第3章　食品工場における微生物管理の要点　55

3.1 雪印乳業品質保証システム（SQS）　55
3.2 原材料の品質管理　56
3.2.1 原材料の安全性確認　57
3.2.2 原材料の管理方法および管理基準　58
3.3 食品製造工程における微生物学的な危害分析・検証　59
3.3.1 総合衛生管理製造過程承認制度　59
3.3.2 脱脂粉乳製造工程における危害分析・検証の実例紹介　61
3.3.3 危害分析・検証に基づく工程管理設定の手順　65
3.3.4 ナチュラルチーズ製造工程における危害分析・検証の実例　66
3.4 全従業員を対象とした教育・研修・訓練　69
3.4.1 全従業員を対象とした教育　70
3.4.2 部門ごとの教育・研修　70
3.4.3 工場出荷検査担当者を対象とした教育・訓練　70

第4章　食品工場での日常の害虫対策　73

4.1 害虫防除の実施に際して　73
4.2 食品工場で問題となる害虫　73
4.2.1 工場の中に住みつく害虫　73

4.2.2　工場の外から入り込む害虫　　76
　　　　(1)　飛翔性害虫　　76
　　　　(2)　歩行性害虫　　77
4.3　害虫防除の考え方　　77
4.4　モニタリング　　78
　　4.4.1　トラップ調査　　78
　　4.4.2　目視調査　　81
4.5　搬入される害虫の対策　　82
　　4.5.1　包装資材　　82
　　4.5.2　原材料　　82
　　4.5.3　受け入れ時の留意点　　83
　　4.5.4　倉庫の管理　　83
4.6　工場の中に住みつく害虫の対策　　83
　　4.6.1　発生源の除去　　83
　　　　(1)　清掃頻度の決め方　　84
　　　　(2)　清掃を簡単にするための工夫　　84
　　　　(3)　食菌性害虫（チャタテムシ）対策　　85
　　4.6.2　殺虫剤の処理　　85
4.7　工場の外から入り込む害虫の対策　　87
　　4.7.1　発生源の除去　　87
　　4.7.2　誘引源の管理　　88
　　　　(1)　光（照明）の管理方法　　88
　　　　(2)　臭気の管理方法　　88
　　4.7.3　侵入口の遮断　　89
　　4.7.4　侵入した害虫の防除　　90
　　　　(1)　物理的防除　　90
　　　　(2)　化学的防除　　90
4.8　害虫防除業者の活用方法　　91
　　　　(1)　アドバイザーとしての活用　　90
　　　　(2)　混入異物の同定　　91
　　　　(3)　社員教育の依頼　　92

第5章　食品製造と化学薬剤（洗浄剤・除菌剤）
　　　──その適正・効果的な使い方と管理── ……………………………… 93

5.1　食品工場の洗浄・除菌の位置付けと目的　　93
5.2　食品工場で用いられる洗浄・除菌剤　　94
5.3　洗浄・除菌に影響する要因と注意点　　97
5.4　洗浄・除菌の実際　　101
　　(1)　洗浄・除菌方法　　101
　　(2)　洗浄・除菌の手順　　102
　　(3)　洗浄・除菌の管理　　105
　　(4)　洗浄・除菌の実例　　107

第6章　食品工場の賞味期限管理とRFID（ICタグ）を使った
　　　トレーサビリティシステム ……………………………………… 109

6.1　生産管理での消費期限・賞味期限管理の仕方　　110
6.2　食品工場のRFID（IC無線タグ）を使ったトレーサビリティ管理の仕方　　112

第7章　職場意識の向上と改善──職場の相互交流：5Sラリーの実践 ……………… 116

7.1　ユーコープ瀬谷工場の概要　　116
7.2　品質最低ランク、工場閉鎖の危機からの脱出　　117
7.3　工場閉鎖の危機からの脱却と目標の設定　　118
　7.3.1　目標の設定：トップの決意
　　　　──「日本一のセントラル工場になろう！」　　118
　7.3.2　全員の目線あわせと外部講習会の利用　　119
7.4　「日本一のセントラル工場」実現手段──ボトムアップ＝5Sラリーを展開　　119
7.5　効果と問題点　　126
　7.5.1　直接的な効果　　126
　7.5.2　波及効果　　127

第8章　工場の衛生点検とその有効性 …………………………………………… 129

8.1　衛生点検の基本　129
　　　(1)　目的と範囲を決める　130
　　　(2)　責任者を決める　131
　　　(3)　計画を立てる　131
　　　(4)　実施する　132
　　　(5)　報告する　133

8.2　衛生点検の実際　134
　　　(1)　開始時会議：なごやかにスタートする　134
　　　(2)　最初のインタビュー：サービス・エースをとらない　134
　　　(3)　ウォーク・スルー（点検者が自ら行う工程および管理状況の確認）：自分が食品になったつもりでラインを見る　135
　　　(4)　文書の確認：記録様式のデザインを見る　136
　　　(5)　記録の点検と評価：モノ言う記録。記録と記録の間から浮かび上がるものがある　138
　　　(6)　報告書の作成：客観的な事実を記録しておかないと書けない　139
　　　(7)　終了時会議：合意の形成と、改善の機会を作る　140

第9章　建築設備から見たハザードに強い食品工場 …………………………… 142

9.1　建築設備から見た、ハザードに強い工場とは　142
　　9.1.1　施設の設計において考慮すべき事項　142
9.2　施設要件の基準　143
9.3　立地：施設の環境　145
9.4　施設の構内と室内（作業区域、作業動線）　146
9.5　施設の構築物　148
9.6　施設の設備　156
9.7　危害に強い工場とコストパフォーマンス　163

第10章　製品品質管理の計画とその進め方 ………………………………………… 163

10.1　品質管理業務とは　163

　　　　(1) 品質管理活動計画　　163

　　　　(2) 経営と危機管理　　164

　　　　(3) 経営者とのコミュニケーション　　164

　　　　(4) 品質管理の基本業務課題　　164

　　　　(5) 小規模事業者の品質管理手段　　165

10.2　情勢認識（リスク予知・予兆の把握）　　165

　　　　(1) 社会的背景　　165

　　　　(2) 情勢認識を深める手段　　166

　　　　(3) 顧客、取引先からの要求事項　　166

　　　　(4) 社内事情（施設設備・人・組織風土）　　166

10.3　経営方針（食品安全基本方針）　　167

　　　　(1) 経営理念　　167

　　　　(2) 食品安全方針　　167

　　　　(3) 行動指針　　167

　　　　(4) 推進体制　　168

10.4　食品安全管理マニュアル　　169

　　　　(1) 社内全体規定　　169

　　　　(2) 一般的衛生管理項目の規定　　169

　　　　(3) 単品別管理規定　　169

　　　　(4) 実施の記録　　169

10.5　製造環境管理　　170

　　　　(1) 自社の製造環境管理　　170

　　　　(2) 委託先製造環境調査　　170

　　　　(3) 点検手段　　171

10.6　製造工程管理　　171

　10.6.1　検　証　　172

　10.6.2　食品表示管理　　172

　10.6.3　業務計画　　173

　10.6.4　食品安全管理委員会の運営　　176

第11章　クレームとその対応　　178

11.1　消費者の声の検討　　178

11.2　クレーム対応　178
　11.2.1　クレームの格付け基準とその意義　179
　11.2.2　クレームの現象別分類方法とリスク判定　180
　11.2.3　リスク分析　180
　11.2.4　品質管理業務報告書　181
11.3　クレーム事例と再発防止対策　182
11.4　クレーム回答業務管理　184
　11.4.1　クレーム回答事例　184
　11.4.2　クライシス・コミュニケーション　186
11.5　情報公開のスピードと消費者への配慮　187

序章　食品工場での品質・安全性向上を目指して
——ハザードとは何か——

はじめに

　食品の品質（品質とは、ISO 9000によると「そのものが存続する限り備わっている特性の集まりが、要求事項を満たす程度を示すもの」である）は、その食品によって異なるが、味覚を刺激する美味しさ、あるいは嗅覚、触覚、視覚に関係する嗜好性、さらには栄養や機能性にかかわる食品成分などである。また、加工食品などとして販売に供するためには、内容量も関係してくる。しかしながら、最も重要な点は、消費者が安心して喫食するための安全性の確保である。このことは、食品安全基本法に、次のように謳われている。すなわち、「食品関連事業者（生産者・事業者）は、基本理念に則り、その事業活動を行うに当たって、自らが食品の安全性の確保について第一義的責任を有していることを認識して、食品の安全性を確保するために必要な措置を食品供給行程の各段階において適切に構ずる責務を有する」（第8条）、と記載されている。

　一方、近年における食品事故あるいは事件では、O157や黄色ブドウ球菌エンテロトキシンなどの微生物による食中毒、あるいはキノコ毒やアレルギー物質などの化学物質による食中毒のほかに、金属や石などの異物混入など、様々なハザードが要因となっている。

　微生物汚染も異物（化学物質を含む）の混入も、その経路としては原料由来、環境由来、設備由来および作業者由来があげられる。従って、食品製造現場では、これらの経路からの微生物汚染や異物混入が発生しないように品質管理が行われている。

食の多様化

　食料自給率が40％である日本では、食料を輸入に頼らざるをえない。その結果、世界中から農林水産物などが輸入され、それらに付随して新たなハザードが加わり、それらに対する安全確保が大きな課題となっている。

　また、地球の温暖化に伴い熱帯性の魚介類が北上する傾向を示し、これに伴ってマリントキシンの北上も懸念されている。また、従来の日本における腸炎ビブリオ菌は毒性の低い種類のものが優位性を示していたが、近年では東南アジアなどで見られる、毒性の高い種類の菌が日本近海にも生息していると考えられている[1]。

さらには、中食と外食の普及に伴い流通の広域化・複雑化、供給プロセスが分業化するなど、食品提供の形態変化に伴って、食品の安全性の確保が複雑化してきている。

このように、食の多様化に付随して、それらに起因するハザードも多様化する傾向にあり、食品の安全を担保するためには、常に情報を収集して対応方法を模索する必要がある。

ハザードとは

一般消費者は、食の安全に対して「絶対に安全でなければならない」と思っていることは否定できない。しかし、食に関しては「絶対に安全であるもの」は「ない」。それは、食の原材料である生鮮食品において、種々のハザードが存在するからである。例えば、リコピンが含まれているがゆえに健康に良い（抗酸化作用）とされているトマトにおいても、トマチンと呼ばれる毒性物質（人にはほとんど影響がない）を含んでいる。また、生鮮食品が微生物に汚染され、それが原因となって食中毒や腐敗が引き起こされる例が多数発生している。

「ハザード」と「リスク」は、どちらも「危害」を意味する用語であるが、その内容はまったく異なり、前者は健康に悪影響をもたらす原因となる可能性のある食品中の物質、または食品の状態を示し、食品衛生学では「危害要因」という語句がしばしば当てられている。後者は、食品中にハザードが存在する結果として生じる健康への悪影響が起きる可能性と、その程度（健康への悪影響が発生する確率と影響の程度）を示す。

ハザードには、生物学的要因（食中毒菌、ウイルス、寄生虫など）、化学的要因（農薬、食品添加物など）、物理的要因（異物、放射線など）があげられる。このように、種々のハザードが存在するが、このハザードは内因性、外因性および誘因性に分類することができる（表）。

内因性の例としては、先に示したトマチンのように、原材料に含まれているアルカロイド、シアン配糖体、抗酵素性物質（生の豆に含まれるタンパク分解酵素阻害作用を有するトリプシンインヒビターなど）や、特定の人に危害を与える食品アレルゲンがある。また、原材料に付着している微生物もこの範疇に入る。食品アレルゲンを除き、人は長年の食生活において危険を回避する能力（例えば、除去あるいは加熱などの加工）を修得してきたが、キノコ毒による事故はしばしば発生している。

外因性のうち生物的な危害は、食品工場で製造工程の衛生管理を十分に行うことによって回避すべきハザードである。一方、人為的な危害では、加工過誤を除き食品工場においては対処が難しく、栽培や養殖などの原材料生産現場におけるGAP（Good Agricultural Practice：適性農業規準または農業生産工程管理）や、日頃のモニタリング検査などで対処し

表 食性病害の分類と原因物質代表例[2]（一部著者改変）

内因性	有毒物	アルカロイド シアン配糖体 発がん物質 キノコ毒	ソラニン（ジャガイモ）など アミグダリン（青梅）など
	生理作用物質	抗ビタミン性物質 抗酵素性物質 抗甲状腺物質 食品アレルゲン	ピリジン 3-スルホン酸（ナイアシン）など トリプシンインヒビター（生豆）など マスタードオイルなど 乳、そば、卵、落花生など
外因性	生物的	経口感染症 細菌性食中毒 ウイルス性食中毒 マイコトキシン産生菌 マリントキシン 寄生虫	赤痢、コレラなど サルモネラ、病原性大腸菌など ノロウイルス、A 型肝炎ウイルスなど アフラトキシン、パツリンなど ふぐ毒、貝毒など 回虫、条虫、アニサキスなど
	人為的	有害物質 汚染物質 工場排出物 放射線降下物 容器等溶出物 加工過誤	ズルチン、アカネ色素など 残留農薬、動物用医薬品など 有機水銀、カドミウムなど セシウム 137 など スズ、鉛など 食品添加物の過多使用
誘因性	物理的条件 化学的条件 微生物	油脂の加熱 体内変化 赤身魚の腐敗	過酸化物 ニトロソアミン ヒスタミンやアミン類

なければならないハザードである。

　誘因性の例としては、加熱による油の酸化（過酸化物）や、微生物（モルガン菌など）によるアミノ酸の脱炭酸反応によって生成するアミン（特にヒスタミン）による食中毒や、人体内においてアミンと亜硝酸から生成するニトロソアミンなどがある。過酸化物やヒスタミンの危険性は従来からよく知られ、使用済み油の廃棄および新鮮な魚類の購入などは、家庭における食生活の常識になっているが、食品工場でも絶対に避けなければならないハザードである。また、ニトロソアミンは体内における連続的な酵素反応によって生成するため、工場では管理できない。

　また、過去に起きた、ヒ素入りカレー事件や冷凍ギョウザ事件などのように、悪質で作為的なものがある。これらについては、テロ（食品テロとは、WHO によって次のように定義付けられている。すなわち、「市民を傷つけ、死に至らしめるため、または社会的、経済的、政治的安定を脅かすため、もしくはこれらの両方のために、薬品、細菌、放射性物質を意図的に食品に混入する行為またはそれを行おうとする脅迫行為」）とは異なるもののテロ的な事件であり、対処は非常に難しいであろう。実際、冷凍ギョウザは、検疫所における検査をすり抜けて販売された。食品テロの対策としては、FDA や WHO が中心となって、テロに対する食品防御に

対する考え方、すなわち、食品防御で考慮すべきポイントを示した「ALART」や、食品防御のための脆弱性評価手法である「CARVER＋shock 分析」などを提案している[3]。

ハザード対策

　食品の安全性を確保する方法として、世界的にリスクアナリシスの考え方が取り入れられるようになってきている。その中でも、ハザードによってもたらされるリスクを評価するリスクアセスメントが重要視されている。

　食品中のハザードについて、その摂取量と生体に与える生理的影響には相関関係がある。図は、食品添加物とその毒性について示したものであるが、摂取量により無毒性量域、作用量域、中毒量域および致死量域に分別される。このような考え方は、ポジティブリスト制の対象になっている農薬等や食中毒菌、あるいはアレルゲンなど種々の食品ハザードに適応できる。実際には、閾値（生理的影響が明確になる最低量；無毒性量）を求め、それに安全率を考慮して危害を回避している。

　この、閾値あるいは無毒性量を評価するのがリスクアセスメントであり、化学物質については、動物を使用した急性毒性、慢性毒性、発がん性、催奇性などあらゆる毒性試験が行われ閾値である無毒性量が、また、食中毒菌（ウイルス、細菌毒素）に対しては、最低発症量が求められている。実際に、化学物質については残留濃度基準や使用基準が、食中毒菌を含む微生物に関しては加工食品を中心に微生物基準が設定され、これらの基準値を超えた食品の販売が禁止されている。物理的異物（金属や石など）に対しては明確な基準はないが、金属に対しては金属異物検出機による検出限界程度（鉄は ϕ1mm、SUS ϕ2mm など）

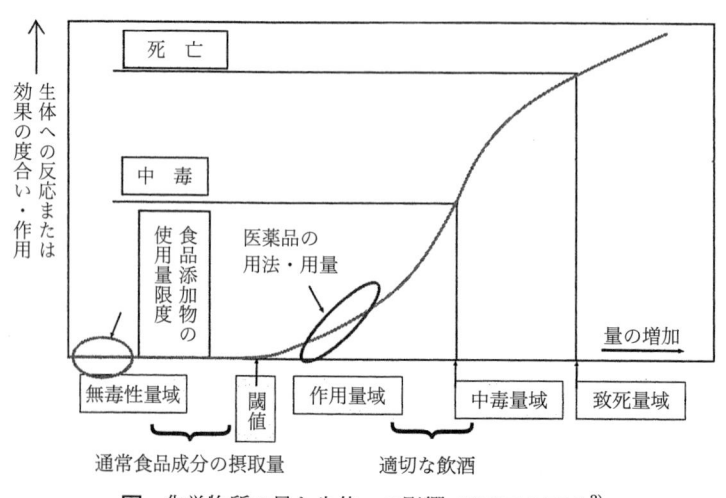

図　化学物質の量と生体への影響（藤井正美原図）[3]

が常識的な基準になっている。それゆえ、食品製造企業においてはこれらの基準を遵守するために、食品衛生、すなわち食品、食糧の生育・栽培、生産、製造から、最終的にヒトが摂取するまでの間のあらゆる段階において、その安全性、健全性および変質防止を確保するためのすべての手段（WHOによる定義）に対して、あらゆる努力を図る必要がある。

安全性向上を目指して

現在のような大量加工時代においては、品質が一定していることが最も重要であり、そのために商品仕様書（レシピ）が作成されている。また、それに則って製造されていることから、我々が毎日口にする食品は、ほぼ問題なく一定の品質が維持されていることは間違いないであろう。

しかし、安全性にかかわる要因、特に微生物は制御が難しいことから、最大限の注意を払った対処が求められる。

まず、原料由来について考えると、食品製造では、その原材料は日々異なったものを使用している。すなわち、レトルト食品のような無菌的な食材はなく、ほとんどの原材料に微生物が生息しており、その種や数は刻々と変化している。従って、加工・製造法によっては、微生物の総数や菌種が許容量以下であることを確認することが必要で、それによって安全性が担保できることになる。また、何らかの手段で許容量以下に低減させる必要がある。

また、環境由来の微生物によっても食品の安全性が低下する場合がある。例えば、空気中に浮遊している塵埃中の微生物が食品を汚染した場合、賞味期限が担保できなかったり、食中毒発生の原因となる可能性がある。そのような危険を避けるために、クリーンブースやクリーンルームの設置を考慮しなければならないこともある。

食品の微生物汚染で最も危険性が高いものとして、従業員あるいは設備由来の汚染がある。従業員の手指はあらゆるものに触れていることから、菌や常在菌によって汚染されている。そして、手指が食品に触れることによって食品が汚染されることになる。このことを回避するために、最近では手指が直接食品に触れないように使い捨て手袋が広く使用されているが、この場合にも食品工場では衛生的手洗いが必須である。

一方、設備は食品と直接接する部分が多く、そこで食品の残渣などによる微生物の付着、増殖の結果、微生物レベルが上昇し、製品の基準値を超えてしまう恐れがある。従って、これらの設備に対しては洗浄・殺菌が必要になる。また、これらの設備は、洗浄・殺菌に対する死角が生じない作りのものがよい。

物理的異物についても、ネジの緩みや器具類の劣化は日々進行していることから、上記

の微生物と同様に、日々の点検や確認作業によって事故を未然に防ぐことが大切である。

おわりに

　上述したように、食品の品質、特に、安全な食品を製造するシステムとしてHACCPやISO 22000があり、これらに共通した要件である標準化、文書化、記録を確実に実施することが食品の安全性確保につながる。「標準化」は、同じ行為は誰が行っても同じ結果になることが重要で、それも高い食品衛生レベルでの同等性が求められる。なぜならば、食品衛生においては最も低いレベルが、その製造現場や環境などの衛生レベルになるからである。また、「文書化」は、決められたことを確実に実施するために、その内容を明確に示したもので、それに従って行動することによって製品の安全性が確保できることから、多くの事項について必要になる。「記録」は、物事を行った証拠となることから、リアルタイムに正確に記述することが重要である。さらには、これらに従った行為が確実に実施できるように、日頃から教育・訓練を行うことが、安全な、あるいは品質の良好な食品製造には欠かせない。

参 考 文 献
1) 島田俊雄：食品衛生研究 51(8)、7-18 (2001)
2) 一色賢司：食品の安全性評価と確認、p.13-21、サイエンスフォーラム (2003)
3) 今村知明：食品テロにどう備えるか？、日本生活協同組合連合会 (2008)
4) 谷村顕雄（監修）：よくわかる暮らしのなかの食品添加物、p.37-59、光生館 (2007)

（矢野　俊博）

第1章　食品工場での異物混入対策

1.1　異物の定義と重大異物

　食品中の異物といっても、簡単そうで明確に定義するのは難しい。例えば、お客様から「このポテトチップスに付いている褐色片が小さい虫のように見える」とご指摘を受けたとする。実は、それがスライスしたじゃがいもの一片が焦げたものであったしても、お客様にとって本来のポテトチップスであると期待されているモノ以外のものであれば、「異物」として判断されてしまう。このように、異物の定義とはなかなかに難しく曖昧なものなのである。

　しかし、言葉のその意味・定義を明確にしておかないと、それぞれの思いが異なっていたとき、とんでもない結果をもたらしてしまうことがある。そこで本章では、まず、「異物」を定義することから始めたい。

1.1.1　異物の定義

　異物とは、一般には原料、生産、貯蔵、流通の過程での不適正な取り扱い、製造方法、環境などに伴い、食品中に侵入、迷入、または発生したあらゆる固形物、半固形物をいう。食品汚染の可能性を示す痕跡（動物の尿、足跡など）も食品衛生上、異物として取り扱う。

　外来混入物以外に、製造工程中や保管中に製品内部に生成された固形物についても同様である。例えば、焼け焦げ、ワイン中の微細結晶などである。大きさで言えば、通常、目視により発見できる大きさである。この定義からすると、先のポテトチップスの事例の焦げも「異物ではない」と言い切れないのである。

　また、広義には、本来その製品の持つ特性以外のものが混入、または生成することを意味するので、異品種の混入、配合間違いなどによる物質、コンタミネーション（交差汚染）によるアレルギー物質、混入・残留農薬、劣化を除いた異臭の原因物質となる化学物質、そして腐敗、カビなどの微生物も含まれる。

1.1.2　主な異物の分類

　異物には、それほど不快と感じないものから、毛髪などのように不快感を持つもの、また、金属やガラスなどのように口を傷つけたりする可能性のあるもの、はたまた2000年

に大きく報道された、食中毒の原因となった黄色ブドウ球菌の毒素（エンテトロキシン）のような、目には見えなくても人体に危害を与えるおそれのあるものがある。さらには、パッケージに表示されていないアレルギー物質が混入した場合、アレルギーを持つ人がアナフィラキシーショック（急性で重篤な全身性のアレルギー反応）を起こす可能性があるものなど、危害性、重篤性、またその対応に緊急性を要する異物もある。

これら異物の分類方法は、植物界・動物界・鉱物界などの分類学的な分類をしたもの[1]や、発生側から見たり危害（被害）側から見たりなど、見方によりいくつかある。また、厳密にはどこに分類するか判断に迷うものもあるが、HACCP（Hazard Analysis Critical Control Point）の危害分類から整理すると、大きくは以下のようになる。

① 生物的異物
　　節足動物（昆虫、クモなど：成虫・幼虫・卵、それらの一部・排泄物）
　　鼠、小動物、鳥類、それらの一部（毛を含む）・排泄物
　　食中毒菌、真菌（カビ・酵母）

② 物理的異物（小片、部分を含む）
　　鉱物由来（小石、金属、さび、ガラス、セメント）
　　動物由来（骨、貝殻、毛髪、獣毛）
　　植物由来（木片、種子、茎、もみがら、紙片）
　　化学合成物由来（硬質・軟質プラスチック、合成ゴム、合成繊維）

③ 化学的異物
　　アレルギー物質
　　薬品
　　洗剤

1.1.3　重大異物の定義

異物は、その影響の度合いが異なるものの、不快感をもたらす不快異物と、危害性・重篤性・拡大性・違法性が心配される異物、そしてブランドイメージへインパクトを与える異物など、さまざまな視点からそのリスク（危害の程度とのその発生確率）が評価される。

特に、不快感以外の危害性・重篤性・拡大性が心配されるような異物については、「重大異物」として**表1.1**のように定義して対処することは、異物混入発生時の対応・対策のための緊急性・優先性を検討するためにも重要である。この重大異物の定義は、食品事故発生時の対応として、(財)食品産業センターの『食品企業の事故対応マニュアル作成のための手引き（第1版）』[2]を参考にしたものである。各社の事情により選定し、運用するとよい。

表 1.1　重大異物の定義

分　　類	異物（種類）
第一種重大異物 重大異物の中でも特に重大なもの	金属 ガラス 石英・小石 硬質プラスチック 化学物質（劇物・毒物、洗剤など） 小動物由来（特に鼠（糞、毛を含む）・小鳥） 表示義務のあるアレルゲン（未表示の場合） （小麦・そば・卵・乳・落花生＋えび・かに） 食中毒菌・真菌（カビ）
第二種重大異物 重大異物の中で第一種重大異物の次に重大なもの	虫類【昆虫・歩行虫など（死骸・生存）】 毛髪（体毛含む） 紐・繊維・ブラシの毛 軟質プラスチック 木片・紙片

表 1.2　食品衛生法　第 6 条

食品衛生法
　第 6 条　次に掲げる食品又は添加物は、これを販売し（不特定又は多数の者に授与する販売以外の場合を含む。以下同じ。）、又は販売の用に供するために、採取し、製造し、輸入し、加工し、使用し、調理し、貯蔵し、若しくは陳列してはならない。
一　腐敗し、若しくは変敗したもの又は未熟であるもの。ただし、一般に人の健康を損なうおそれがなく飲食に適すると認められているものは、この限りでない。
二　有毒な、若しくは有害な物質が含まれ、若しくは附着し、又はこれらの疑いがあるもの。
ただし、人の健康を損なうおそれがない場合として厚生大臣が定める場合においては、この限りでない。
三　病原微生物により汚染され、又はその疑いがあり、人の健康を損なうおそれがあるもの。
四　不潔、異物の混入又は添加そのほかの事由により、人の健康を損なうおそれがあるもの。

1.1.4　異物混入と法規制

　異物が混入した場合の法的な規制は、食品衛生法第 6 条で「販売等を禁止される食品及び添加物」として、**表 1.2** のように示されている。食品をお客様に提供することを業とする企業として、最も基本とすべきことがらである。「異物」についての直接的な文言は第四項にあるが、広義には本条全体が当てはまるものである。
　また、この条文に違反した場合は罰則規定が第 54 条にあり、営業停止や回収命令の処置を受ける可能性がある。

1.1.5　異物クレームの現状

　お客様からのクレーム（当社では「ご指摘」と称している）は、改善のための貴重な情報

である。当社では、クレームの集計に当たっては原因別に、主に製品、異物、そして包装クレームに分類し、週別に受付件数を棒グラフに、また、週別の受付件数を年間移動平均（件数/生産袋数：ppm）で表わし、その推移を管理している。製品クレームとは、例えばポテトチップスで言えば、フライしすぎた焦げや原料起因の緑化（馬鈴しょが光に当たることにより緑色に変化する）など、製品品質に由来する不具合である。包装クレームは、シール不良やシール時の絵ズレ、ピンホールなど包装時に発生する不良である。異物クレームは、1.1.1で説明したように、広義の対象も含めた食品中に侵入、迷入、または発生したあらゆる固形物、半固形物である。

異物クレームは、2000年6月に発生したY乳業、および同じ年の8月に当社協力工場で発生したカナヘビ（トカゲ）混入事案が原因で、社会的に大きく受付件数が増加したと言われる。当社ではその1年後からようやくクレーム件数の減少が始まり、その後漸減していたが、2007年1月のF社事案をきっかけに再び増加に転じたのち、徐々に沈静化する傾向にある。

また、お客様からの異物クレームの内訳は、各工場でのバラツキはあるもののほぼ半数が毛髪（頭髪・体毛）であり、次が虫類となる。金属は全体の数％程度である。このほか年間数十件ほどの歯の金冠・充填物（インレー）なども含めた原因不明のものがあり、それらは2006年度では異物クレーム全体の10％程度であったが、2009年度には20％を超えるまで増加した。しかし、最近ようやく少し落ち着いてきた傾向が見られる。これらのことから、お客様の不安が、世間を騒がす事案に大きく影響を受けている傾向が明らかである。

1.1.6　本章で扱う対象異物

個々の異物についての対策は、虫類、金属、硬質・軟質プラスチックなどいくつかの類例で分類され、その対策を具体的に示した書籍[3]は多くあるが、本章では、まず多くの企業、生協でもお客様からのクレームが多いとされ[4]、また当社の異物クレームでもほぼ半数を占める毛髪（頭髪・体毛）について、次に危害性の高い金属について、ガラスやプラスチック類も含め、その混入防止のための考え方、混入原因特定、そしてその混入防止対策について実践してきた事例を整理してみることにする。

1.2　異物混入防止の基本的な考え方

1.2.1　発生源対策と流出防止対策

どんな重大な製品回収に至る事案も、またお客様からのクレームに至らない些細な品質

不良でも、必ず因果関係としての発生原因、発生源があり、さらにそれを結果的に見逃して流出させてしまうことが重なって起こるものである。また、仮に発生させてしまったとしても、それを工程内で発見し、市場に流出させなければ、社会的には大きな問題とはならない。しかし、現実にはそう思ったほど簡単ではない。

そこで、異物混入の防止体系を考えると、図 1.1 のように図式化できる。仮に運悪く異物混入が発生した際に社外への流出を免れても、また、最悪、流出してしまっても、その事案が発生した場合は、真の原因追究と再発防止を図るはずである。しかし、それが継続的に、またほかの事案への予防措置となるためには、マネジメントシステムとして体系化することが大切である。当社では、1999 年に下妻工場での ISO 9001 を取得をきっかけに、全工場でも ISO 9001 の取得を展開した後 2004 年に全社を統合し、品質保証システムの中心に据えている。

また、異物混入防止の要は結局は「人」であるので、関係者が異物混入対策やクレーム処理の教訓から学び、それを当事者はもちろんのこと、全従業員が理解し、継続的に実践していくよう教育・指導も欠かせない。

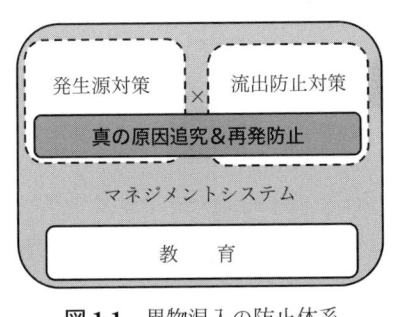

図 1.1 異物混入の防止体系

1.2.2 労働災害から学ぶこと

労働災害については、その発生状況を解析した「ハインリッヒの法則」がある（図 1.2）[5]。これは、1929 年にアメリカのハーバード・ウィリアム・ハインリッヒが労働災害のデータ 5,000 件余りを調べて発表された法則である。災害は、不安全状態と不安全行動が重なって起きるのであるが、この法則は、大きな災害が 1 件起きる背景には、軽傷程度の災害が 29 件あり、ヒヤリ・ハットが 300 件起きているというものである。これを異物混入に当てはめると、例えば、クレーム事故にまで至る可能性のあるボルトの脱落混入のような重大な不適合の発生の陰に、ボルトが外れかけているような軽微な不適合があり、そ

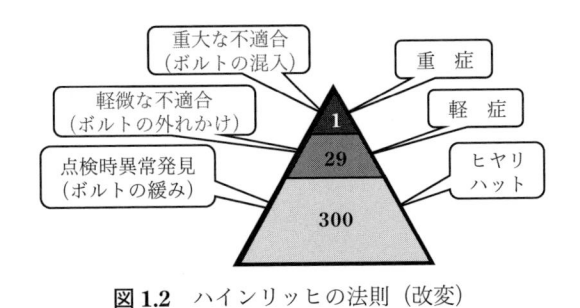

図 1.2 ハインリッヒの法則（改変）

れ以前には、点検時に発見されるボルトの緩みのような不具合がたくさんある、という例が当てはまる。異物混入事案とその発生率が直接関係するわけではないが、考え方は十分参考になる。

このほか、労働災害から学ぶことは、

災害 ＝ 不安全状態 × 不安全行動

である。「人は間違うもの」の考え方の下、「フールプルーフ」、「フェールセーフ」といわれる安全装置・対策によって、仮に不安全行動を起こしても災害を未然に防ぐ手法である。

また、「ブロークンウインドウ（割れ窓）理論」がある。これは、1994年当時のニューヨーク市長となったルドルフ・ジュリアーニ市長が、警察官を5,000人増員して路上パトロールを強化した結果、凶悪犯罪が減少した、とされている理論である。批判的な評価もあるが、異物混入防止に向けての1つの考え方として応用できるのではないだろうか。

これらの法則に共通することは、大きな災害を防ぐためには、その手前にある小さな異常を潰す、発生させないことにある。"清掃は点検なり、点検は不具合の発見なり、不具合は復元・改善するものなり、復元・改善は喜びなり、成果は達成の喜びなり"、というTPM（Total Productive Maintenance）の考え方の中で、早期発見とその治療は現代医学だけの方策ではなく、異物混入対策にも結びつくものなのである。

1.2.3 従業員意識

上述のように、「ハインリッヒの法則」にしても「ブロークンウインドウ理論」にしても、その考え方は、まず小さなトラブルの発生をいかに抑えるのかが重要であるということにあるのだが、それを実行するのは現場の従業員である。管理者がすべてをいつも見ていられるわけではなく、いかに従業員が注意深く作業するか、異常を発見した場合はいかに早く報告してくれるかにある。そこで、例えば、「異物発見報告書」などを利用して、現場で見つけた小さな異物、不具合などを速やかに上司に報告するシステムを作り、いつでも従業員がそのような意識を持って作業、清掃などを行えるように普段から教育しておくことも重要なことである。

1.2.4 発生源対策の基本原則

発生源があったりわかったりしたとしても、最悪、製品へ混入しなければ、また市場へ流出しなければコトを荒立てずに済ませることはできる。また、発生源を抑えておけばいいといっても、現場は原材料の受け入れから製造作業とその設備の管理、そして人の管理、はたまた建屋や使用水ほかユーティリティーの管理まで、責任分担はあるものの幅広く管理していかなくてはならない。それは、毎日の製造時点検、始業時と終業時などの清掃・

第1章 食品工場での異物混入対策

表1.3 発生源対策の基本原則

	4M＋E 条件				
	原材料	設備・部品	作業方法	人	環境
持ち込まない	・規格厳格化 ・アセスメント ・検品強化	・ホッチキス等使用禁止	・使用用具制限	・持ち込み品制限	・工事後の清掃徹底 ・作業者指導
発生させない	・先入れ先出し ・分別保管 ・保管庫温度管理	・設備保全（回転個所摺動個所） ・工程改善	・5S徹底 ・始業前点検 ・終業時点検	・異物落下しにくい作業服	・清掃しやすい建物 ・建物保全（空間清掃）
混入させない	・搬入車両確認 ・搬入時異物除去	・プロダクトライン（以下ライン）のカバー	・ライン近接作業の削減	・5S徹底 ・教育徹底	・ライン上方の単純化、不要物撤去

点検のほか、日常作業以外の定期・不定期の清掃や機械設備などの保守点検も含まれる。

その対策として、発生源に対しては、基本的に

ⅰ）持ち込まない、ⅱ）発生させない、ⅲ）混入させない

が3原則となる。要するに、この3つがしっかりしていれば、最終的な製品への混入が避けられることになるのである。また、これらを原材料、機械（設備・部品）、作業方法、人、そして環境の、いわゆる4M（Material・Machine・Method・Man）＋E（Environment）の観点から整理すると、**表1.3**のように表すことができる。ここにある項目はあくまでも一例であるが、自工場に当てはめて整理しなおすと、打つ手の優先順位が見えてくるかもしれない。

1.2.5 発生源の管理

工場ではあらゆるところが異物の発生源とも言える。しかし、それら全体を常に監視しているわけにはいかない。そこで、特に重大異物の発生源として、例えばプロダクトライン（製造ライン）上、またはその付近のネジ、ボルト・ナットの緩みやすい箇所に対しては、ダブルナットや緩み防止ナット、接着剤などを使用して緩みを防止したり、合マークをつけて緩みを視認しやすくするなどの工夫が必要である。

このほか、製造場内の時計のガラス板、鏡などはガラスの使用を避け、脆くて壊れたら大事に至る可能性のあるものは、プラスチックなどに代替することも重要である。プラスチック製の薄いシート状の鏡も商品化されている。蛍光灯は飛散防止型が広く出回り、それだと落下しても飛散の心配はないので、製造場全体に使用することが推奨される。代替

のきかないガラスの場合は、表面に粘着シートを貼ることも一法である。

　また最近は、ゴムやプラスチック製シート、電線などの結束バンドなどに金属粉を入れ、仮にプロダクトラインへ混入したとしても金属検出機などで検出できるものも実用化されている。しかし、後述のようにガラス、ゴム、そしてプラスチック類は、X線異物検出機でも検出しにくい。とはいえ、プロダクトラインではどうしてもつなぎの部分（シュートなど）やカバーに、金属板やプラスチックまたはゴム製のシートなどを使用することが多い。これらについて、まずは使用箇所を削減するのが第一であり、次には毎日の清掃時の点検で確認することである。

　しかし、それだけではなく、破損・損耗して混入する可能性のある使用箇所をリストアップし、定期的に状態を監視し、適切な修理、交換など、発生源側での徹底した管理が必要である。それらについてはマップ化すると管理しやすい。要は、異物の発生源はできるだけなくし、どうしても必要で、なおかつ混入の可能性が考えられるもの・箇所は、マップ化・一覧表化などして、定期的に管理していくことである。

1.2.6　流出防止対策

　異物が、誰によって・いつ・どこで・どうして・どのように混入したか、という"5W1H"の考え方は、発生源対策には重要である。しかし、異物混入の対策としては、発生源だけを抑えるように対策・努力してもその効果は完全ではない。それは食品の場合、設備などのハード対策だけでの発生防止は難しく、結果として人に頼らざるを得ないことが多いからである。

　異物混入対策でもう1つの重要なことは、流出防止である。そのためには、まず一番に異物を発見することであり、また、それを分離・除去することである。せっかく異物を見つけても、最終的に正常品に紛れ込ませてしまっては苦労が水の泡となってしまう。そのため、発見・除去するための基本的な方法、器具、機械・装置が、その目的により人の目視・点検から始まり、X線異物検出機などに至るまでいろいろ工夫・開発されてきた。しかし、これらも基本的な原理・原則に基づく使用法を理解した上で活用しないと、その能力を十分に発揮できず、せっかく発見し排除した異物を含む製品を、誤って元のラインへ戻し、流出させてしまうこともあり得る。

　一般に流出を防止するための手段としては、
　　　人による点検・選別
　　　ふるい、フィルター、ストレーナー
　　　風力選別機、比重選別機
　　　色彩選別機

磁石

金属検出機

X線異物検出機

など、ここに挙げきれないほどのいろいろな方法、設備・装置がある。これらを、原料の特徴を踏まえ、また効率なども考慮して、効果的に活用することが重要である。

次に、毛髪および金属についてプラスチック類も含めた異物混入に的を絞り、その混入をいかに防止するか、そしてどのようにすれば流出を防止できるかについて、これまで実践してきた事例をもとに話を進めたい。

1.3 毛髪の混入防止対策

頭髪は毎日55本抜けるとされる[4]。それは、一般に頭には約10万本の髪の毛があり、その寿命は4～6年、平均5年といわれているからである。つまり1年間に2万本、1日当たりでは55本が抜けて生え換わるとなる。しかし、頭髪の落毛全体について筆者は、散髪後には洗髪を毎日行っても3日ほどはカットした髪が洗い出された経験から、また女性の場合では、レザーカッターで調髪すると髪が切れやすいとも聞いており、1日55本以上の落毛の可能性があると見ている。

お客様からのクレームとして、最近は眉毛のような小さな毛髪の申し出を受けることもあり（**図1.3**）、製品の製造に当たっては、終業・始業清掃から原材料受け入れ、加工、そして包装に至るまで細心の注意が必要である。

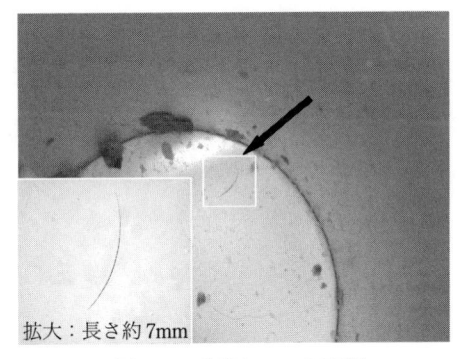

図1.3 毛髪クレーム事例

1.3.1 混入毛髪の分析と評価

お客様から届いた混入毛髪は、その現物を顕微鏡で観察することから始まる。毛根がないか、先端の切れ方はどうか、約100～400倍に拡大して見る。ただし、動物毛と疑われるような場合は、スンプ法（薄手のプラスチック板の表面を溶剤で溶かし検体を載せ、検体の表面を転写してその跡である毛表面：キューティクル（毛小皮紋理）を観察する方法）による観察や、髄質の形態などの特徴から識別するのであるが、ある程度専門的になるので、当社では防虫管理を依頼している専門業者へ同定を依頼している。

当社の混入毛髪は大雑把に見て8割程度は毛根がある。その場合には、カタラーゼ反応の確認を行い、混入原因の判定に役立てている。カタラーゼ反応とは、毛根に存在するは

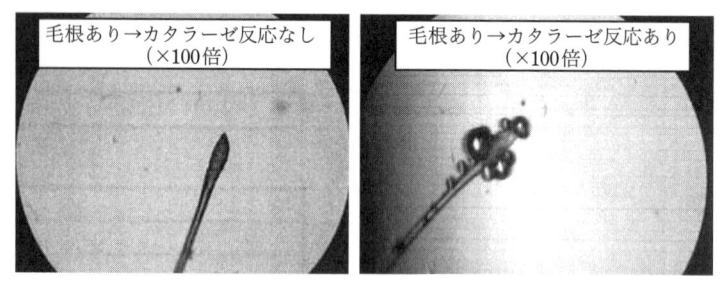

図1.4 毛髪のカタラーゼ反応

ずの過酸化水素分解酵素であるカタラーゼを、約3％の過酸化水素水を毛根部分に滴下させて顕微鏡で観察し、気泡（酸素）の発生状況により熱処理を受けたかを判断・検討するものである（図1.4）。カタラーゼは熱により分解するため、気泡発生の有無で加熱工程を経たか否かがわかる。

<原理>　$2H_2O_2 \rightarrow 2H_2O + O_2 \uparrow$

　毛髪の場合、90℃1分の曝露で活性が失われ、発泡しなくなる（陰性）ようである[6]。すなわち、発泡があれば熱に曝露されていないとみなし、フライヤーや焙煎機などの加熱工程以降での混入と推定される。

　このほか、切断面を観察することで、ちぎれたのか、はさみやナイフで鋭く切れているのかなどについて観察し、加熱の有無などと組み合わせて、例えばポテトチップスであれば、じゃがいもを薄くスライスするスライサーを通過しているのかなどについても概ね推定できる。

1.3.2　混入経路・工程および原因の特定

　毛髪の混入防止の考え方は、まず、その混入経路・工程の特定から始まる。一番初めは工場外か工場内かの経路の分類である（図1.5）。工場外であれば原料（練り込み・混入・付着）由来であり、工場内であれば、それは製造場内にいる作業者由来となる。中には外部からの（工事）業者も含まれることもある。

　毛髪の混入が原材料起因では、液体ものは受け入れ時にフィルターを通過させれば異物は比較的除去しやすいが、それ以外は包装・ケースの汚れやシール、折れ目部分への付着

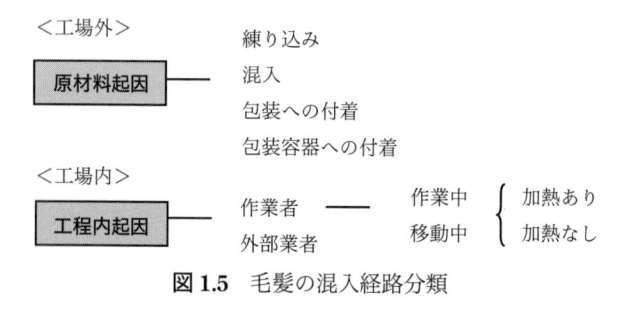

図1.5　毛髪の混入経路分類

などがある。また、その原材料の形態にもよるが、最初から原材料に混じっていたり、中には原材料表面に固着していたり、内部に練り込まれていたりするものもある。

工程内起因では、発生原因は人間であるので、移動中も含めた混入場所、混入原因が推定されると対策をとりやすい。上述の、カタラーゼ反応の活性の有無により毛髪が加熱されているかいないかという情報も、混入場所の特定に役立つ。このほか、工事後に生産した製品で毛髪クレームが発生した、などということもあり得る。

混入原因・箇所を特定（推定）し、データを蓄積して傾向を判断できれば、作業方法・作業場所に集中した対策をとることもできるが、実際には原因を特定することは難しいケースが多い。

1.3.3　毛髪混入防止対策の考え方

(1)　混入原因の分類

毛髪の混入防止は先にも述べたが、基本的にⅰ）持ち込まない、ⅱ）発生させない、ⅲ）混入させない、の3原則となる。これを、毛髪クレームの約9割を占める頭髪に当てはめると、

髪の毛が抜ける　→　落下する　→　混入する

の経路となり、各段階でそれぞれ抑えようとするものである。

落下頭髪の、製品への混入を防ぐためには、毎日洗髪すること、ブラッシングすることに始まり、作業服の正しい着用・ローラー掛け、ラインのカバーなど、各段階での要点項目を守ることが重要である（**図1.6**）。

(2)　混入防止のための基準作りと指導の徹底

混入防止対策としては、まず作業服の着用規準・身だしなみも含めた毛髪混入防止についての基準等を作り、運用（従業員への教育・周知、そして実践の確認）することが重要であ

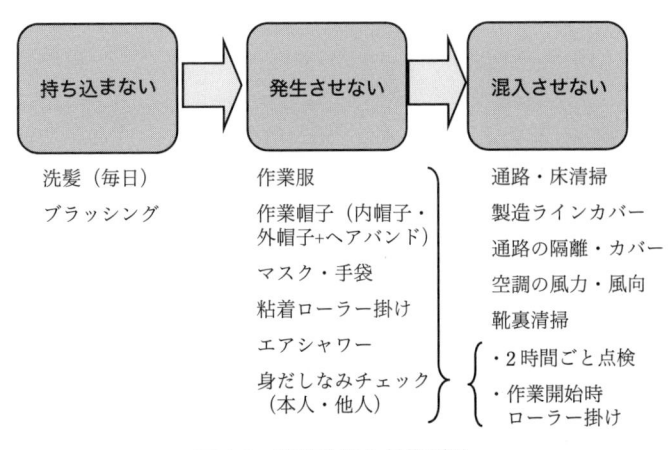

図1.6　要因分類と対策項目

る。その際、従業員以外の外来者についても同様に行うことが必要となる。

　これらについて当社では、食品衛生についての一般従業員向け小冊子『食品衛生ハンドブック』を作成し、守るべき事項として簡潔に述べ、その理由と理屈を理解してルールを守ってもらうようにしている（**図 1.7**）。

　このほか、<u>G</u>ood <u>M</u>anufacturing <u>P</u>ractice（GMP：適正製造基準）として作成している『カルビーグループ食品衛生標準』では、毛髪混入防止について、従業員の衛生管理の章で作業服の着用基準・身だしなみほかについて、また異物混入防止の章では、毛髪混入防止基準も含めて規定している。

　いずれにせよ、対策の基本は身だしなみにかかわることでもあり、製造場への入場時の点検・ローラー掛け、製造場での定期・不定期なローラー掛けなど、基本的なことをきっちり守ることが重要である。管理・監督者自身の率先垂範はもとより、従業員への適切な指導が必要となる。

　作業服や作業帽は、毛髪対策の面からは密閉性の高い仕様を選定したいが、高温多湿など作業環境は決して快適でない場所が多い。そのため現在は、作業服はコスト性を重視して本社での選定とし、作業帽については工場側で現場環境を考慮した上で選定している。いずれにしても、作業者の快適性と作業環境を考慮した作業服・作業帽の仕様の改善を継続していくことが大切である。

　製品に対するお客様の目が年々厳しくなる傾向があること、製品切り替え回数の増加、およびアレルゲン対策のためのより丁寧な洗浄・清掃などにより、プロダクトライン（製品が流れるライン）への接近・接触が頻度を増しているためか、作業者側のローラー掛け

図 1.7　食品衛生ハンドブック

などにより異物混入防止対策を十分に行っているにもかかわらず、大きな成果が得られていないのは残念なことである。

1.3.4 毛髪混入防止のための実践

異物混入防止対策の基本は、工程内起因に対しては身だしなみにかかわることであり、製造場への入場時の点検、ローラー掛け、製造場での定期・不定期なローラー掛けなどは、管理・監督者自身の率先垂範はもとより、作業者への適切な指導が重要である。またその際、作業者にその必要性を十分理解させ、納得してもらうことも必要である。また、作業者に対し原則、更衣室のロッカーには個人ごとにマイブラシ、マイローラーを貸与するようにしたり、職場内の作業者への2時間ごとの毛髪点検パトロールなど、それをやることが当たり前という雰囲気を作ることも必要と考えている。

(1) 原材料起因の毛髪混入防止

原材料起因の毛髪混入防止は、まず、取引先メーカーの選定から始まる。取引先の監査などを行って取引可能かの判断をし、取り引きする場合には、監査結果から必要な指導を行うことが重要である。

入荷原材料の外包装への毛髪や埃の付着を避けるため、入荷時には外包装の点検はもちろん、エア掛けによる埃や汚れの除去や、シール、折れ目部分の掃除機による吸引を行うことも重要である。使用時には、粉体であれば必要に応じ、ふるいにかけて使用することなども有効である。その内容から、対策を講じたり状況の確認・指導が必要となるが、根本的な対策までは期待できないのが実態と思われる。原料不良発生時のデータや、受け取った報告書を残し、定期的な監査の中で指導・注意することも重要である。

(2) 工程内起因の毛髪混入防止

1) 作業服、作業帽の選定

作業服や作業帽は、毛髪対策の面からは密閉性の高い仕様を選定したいが、高温多湿など作業環境は快適でない場所が多い。

当社においては、作業服の仕様（**図 1.8**）決定に際し、毛髪・体毛の落下防止を重視することはもちろんであるが、何より暑い職場が多いことが問題であった。当初、上着の袖に内袖をつけたものを使用することとしたが、上体の暑

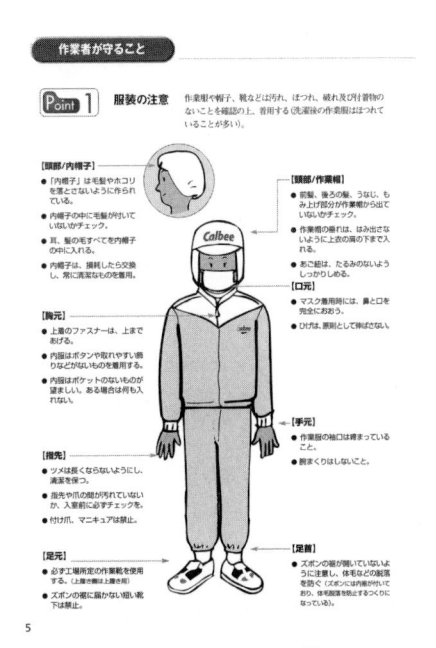

図 1.8 作業服の仕様

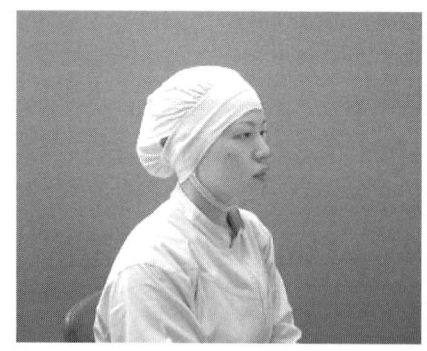

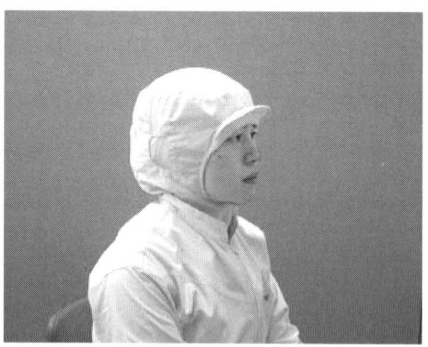

図 1.9 作業帽の着用例

さはこの内袖が大きな原因とわかり、袖口をフィット感が強く、長めの素材とすることで現行のものに切り替えた。しかし、中にはそれでは不安であるとして、さらにフライスというリストバンドのようなものを袖口の上につける工場もあった。今後の課題としては、作業者の快適性を考慮しつつ、作業環境も含めて作業服・帽子の材質・仕様の改善を継続していきたい。

作業帽は、工場、職場により作業環境が違いすぎ、本社側で一律に規定することは困難であるとして、各工場に選定を任せている。また、これは工場ごとの研究と、その成果の横展開の機会を与えることにもなり、全体として、さらに良い性能と快適性の高い仕様の作業帽の開発につながることを期待している。

ある工場では、ずれ防止用にあご紐のついた内帽子の上に幅広の少し緩いヘアバンドをし（図 1.9 左）、その上に通常の作業帽を被るようにしている（図 1.9 右）。これは、内帽子のずれを少しでも防止するためである。また、ある工場では内帽子は色つきとして 2 週間程度で一斉に交換しており、作業者が交換したか否かがすぐわかる仕組みとしている。このほか、外帽子の対策に力を入れ、毛髪のはみ出しに注意している工場もある。なお、外帽子の垂れが作業中によく首からはみ出すことがあるが、これは垂れの肩にかかる部分を少しえぐったほうが、はみ出しにくいようである。

このようにいろいろ試みてはいるが、実はもっと緩い仕様となっている工場もあり、現段階でどの仕様なら最も毛髪落下を防止できるか、まだ結論は出ていない。あまり締め付けがきつすぎると暑さを感じやすくなり、そのために顔をぬぐったり頭を掻いたりして帽子のすき間から毛髪が落下することも考えられるからである。

(3) 作業服の更衣から製造場へ

従業員が更衣室で作業服に着替える際には、前述のように、マイブラシ、マイローラーを使い、所定の順番で着替えをして、最後に床をローラー掛けすることを基本としている（図 1.10）。

第1章 食品工場での異物混入対策　　21

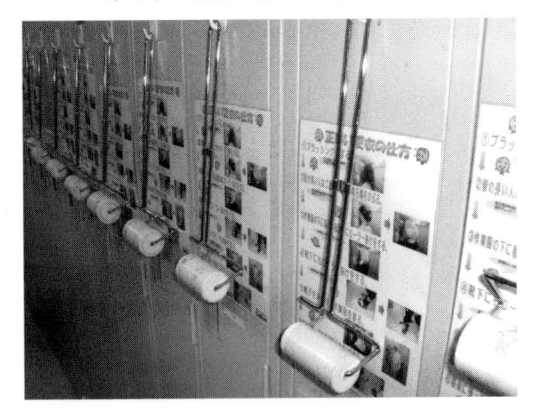

図1.10　更衣室の事例

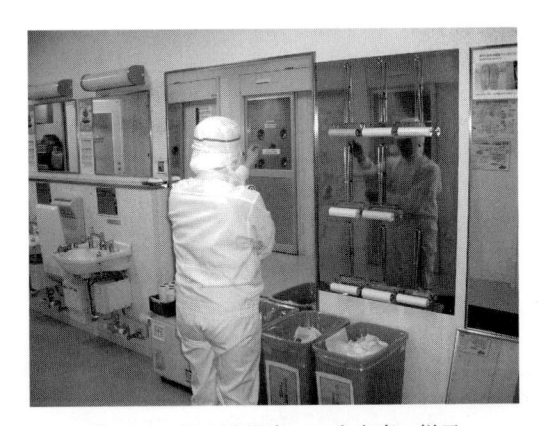

図1.11　衛生準備室での身支度の様子

　製造場へ入場する前は、衛生準備室と呼んでいる前室でのローラー掛け、手洗いなどを行い、エアシャワーを通っていよいよ製造場へ入っていく（**図1.11**）。

　その際、入場者には入場の度に毛髪の付着の有無を入室記録とともに記入してもらうことを基本としている。これは、少しでも毛髪に対する自覚を高めてもらうためである。またこのごろは、ローラー掛けした後の、少し粘着性の落ちた捨てる前の粘着紙を使って眉毛部分に当てて、脱毛をチェックするように指導している。特に週の初めなど意外に付着しているものである。

(4) エアシャワーの管理

　多数の人が必ず通過するのがエアシャワー室である（**図1.12**）。エアシャワーの主な目的は、衣服に付着した毛髪や埃などを除去することであるとされる。その順序もローラー掛けの前がいいとか後がいいとか言われているが、筆者は順序はそれほど気にしていない。また、後に述べる理由から、必須の設備であるとも言いがたい。ただ、神社の鳥居と同じで、これから食品を製造する仕事をするんだ、という意識の切り替えと、物理的な区域の遮断には大いに役立っていると考えている。

図1.12 エアシャワー室入口

　エアシャワー使用に当たっての注意が1点ある。それは、エアシャワー内部の清掃管理をしっかり行うことで、エアシャワー室内に落下した毛髪を舞い上がらせないことである。当社の実験によると、きれいにローラーで毛髪を除去したにもかかわらず、エアシャワーを通過した後で10人に1人は毛髪が付着していたという結果が出た。つまり、エアシャワー内をしっかり清掃しておかないと、せっかく落下させた毛髪を舞い上がらせ、逆にきれいな作業着に付着させることになってしまうのである。

　また、エアシャワーの運転条件は、風速20m/s、時間は20秒間は必要などとされているが、通過する作業者の数と適切な設置台数を考えないと、渋滞も起きかねない。

(5)　落下毛髪のモニタリングと作業中の注意

　せっかく身だしなみを整えて製造場に入っても、製造場の床の毛髪を完全になくすことはできない。更衣室から製造場の主要場所での落下毛髪の6ヵ月にわたるモニタリング検査を行ったところ（図1.13）、更衣室で多数の毛髪が発見された。男女別の差は、出勤前の髪の手入れの違いが現れているのかもしれない。衛生準備室、エアシャワー室、そして

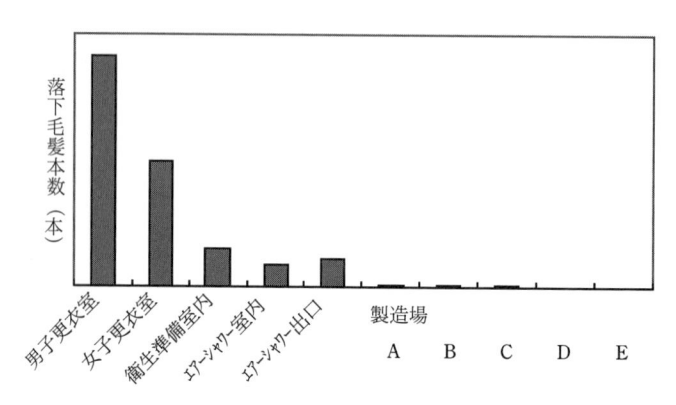

図1.13 落下毛髪のモニタリング結果

表1.4 作業中の作業着の乱れ状況

場　所	対象者数	外帽子のすき間	頭髪のはみ出し	首周りのすき間	外帽子の破損
製造場	64人	22%	0%	20%	0%

各製造現場へ行くにつれ確実に減少しているが、気になるのは、数は非常に減ったものの、製造現場でも発見されていることである。床に落ちた毛髪は、人が歩く速度でも移動してしまうとされ、プロダクトライン（製品が流れるライン）への混入の可能性も否定はできない。

製造現場の床での毛髪発見の原因の1つには、作業中の衣服の乱れが考えられる（表1.4）。しかし、作業中に衣服が乱れてくることはむしろ自然であり、作業帽がずれて、顔と作業帽の間にすき間ができたり首周りにすき間ができたりと、衣服の乱れが出てくる。帽子も垂れ部分が上の方へずれ上がってしまうこともある。そのため、例えば2時間おきなど定期的にローラー掛けや衣服の乱れの点検を行い、常に万全の体制で作業できるようにすることが大切である。

また、落下毛髪のモニタリングの継続は重要である。モニタリングの結果と毛髪クレーム発生の相関はない、との指摘もあるが、日々の小さな積み重ねが大きな事故を防ぐことにつながるのである。重要なモニタリング地点を選定し、継続的にモニタリングを行い、その結果を掲示するなどして周知させ、クレーム発生の警鐘として作業者に意識付ける手段としたい。

(6) 設備上の対策

最近は異物混入製品の流出防止対策として、高性能の毛髪検出機なる機器が実用化されている[7]。しかし、表面部分から反射するものしか検出できなかったり処理量の制限もあるなど、コスト面も含めて実際に採用するには難しい面がある。

ここはやはり、人の介在が原因する現象であることから、まずは床、特にプロダクトライン近くの通路の清掃に心がけ、落下毛髪を減少させること、また、人が近づかないように通路をプロダクトラインから遠ざける配置としたり、必要により柵や壁を設けることが考えられる。作業場所と空調機・扇風機などの風の力・方向を考え、風下にプロダクトラインが来ることがないようにすることも必要である。さらに、できるだけプロダクトライン上方にはカバーなどをして、毛髪を含む異物の飛来、落下混入に気をつけることが重要である。

しかしながら、お客様の目が厳しくなっている傾向や、製品切り替え回数の増加などによりプロダクトラインへの接近・接触は頻度を増しているためか、現場ではいろいろな努

(7) 外部業者への対策

工場内への工事などで外部業者が入ってくることは避けられない。そして、そのような工事の場合、工場の従業員と全く同じ服装にしてもらえるわけではない。しかし、最低限の防御として、内帽子ほか協力してもらえる範囲での対応を要請することも必要である。また、監督者が必ず立会い、終了時の清掃の徹底を指示したり、必要に応じ、生産開始前に自分たちで改めて点検清掃をするようにする。

1.4 金属異物を中心とした混入防止対策

金属の混入は、人に危害を及ぼす重大な不適合であり、当社もこれまでに2回、全国規模の自主回収を行った。金属片は最大の努力で発生を防止しなければならない異物である。先の1.2.6では異物を発見・除去するための手段や設備・装置を挙げた。ここでは、最近では汎用的な機器となった磁石、金属検出機、そしてX線異物検出機について、実践的な金属異物混入対策を中心に整理する。ガラス、プラスチック類は金属としての反応は示さない。それらについては本稿の考え方を参考にするなどして対策を検討されたい。

なお、様々な異物に対する検出機の専門的な知識や機構などは、他の専門的な書籍に譲ることとする[8]。

1.4.1 磁石の知識と使用上の注意

最近は、磁力が14,000ガウス（1.4テスラ）を超える強力な磁石も出ているようだが、まずはその構造を理解しないと、誤った使い方をしてしまう。一般に、棒状の磁石は厚さ20〜25mm程度の円柱の磁石を、極性が同じ向きになるよう交互に並べていく。その磁石の間に5mm程度の、ヨークといわれる鉄の円柱をはさむことで磁束が外側に出て、鉄のような磁性異物をその表面に吸着させる（**図1.14**）。

棒状磁石では、吸引距離と表面磁力の関係は相反するものであり、表面磁力が高いとはいえ、必ずしも遠くまでその磁力が及ぶわけではない。むしろ、どこまで吸引力を持たせるかにより磁力が制限を受ける場合もある。そのため、期待した効果が出ないこともあるので、選定にあたっては十分気をつける必要がある。また、**図1.14**のように、その両端の磁力は弱くなっているので、ラインへの設置に際しては、幅に余裕をもって取り付けないと、せっかく取り付けた成果が出ないことがある。

また、耐熱性も重要である。キュリー温度といって、磁石の温度が上昇すると磁力が徐々に低下し、最後には磁力がなくなってしまう[9]。また、組成として、一般にネオジウ

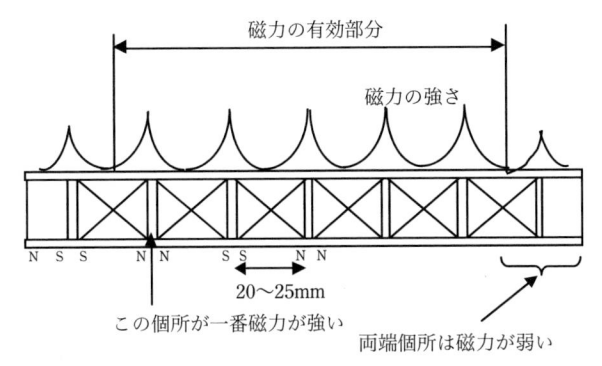

図1.14 棒状磁石の構造

ム鉄ボロン系の磁石が強力であるが、100℃を超える耐熱性を必要とする場合は、サマリウムコバルト系の磁石がよいとされる。通常の使用温度範囲でも、「1℃上昇すると0.1％ほど能力が落ちる」と、ある業者は話しており、いつも狙い通りに活躍してくれるとは限らないということを理解しておかなければならない。

また、被覆したステンレスの表面がデコボコになっていたりすれば、内側の磁石が破損している可能性があり、そのようなときは極端に磁力が落ちていることがある。強い衝撃には気をつけたい。当社では磁力の基準を、購入時は10,000ガウスとし、その後は6,000ガウスを切れば交換するようにしている[10]。少なくとも毎年一度の磁力測定が推奨される。

このほか、磁石をどのような目的で使うかを考えておく必要がある。一本の棒状磁石では100％対象物を捕捉することができないため、格子状のものなどいくつかの磁石を組み合わせた装置も販売されている。これも原料の性状に合わせて、完全な除去を目指すのか、工程の設備の磨耗などの異常を発見するモニタリングとして使うのかなど、その設置目的と限界を理解して設置する必要がある。ちなみに当社で、ある原料を1本の棒状磁石に通過させる試験を行ったところ、6割程度しか捕捉できなかった。

取引先の監査など行うと、せっかく設置したものの長らく鉄粉がこびりつき、錆びて固着しているような場面を見かけることがある。後述の金属検出機などと同様に、頻度を定めた点検と記録の管理が重要である。

1.4.2　金属検出機

(1)　金属検出機の知識と特徴

金属検出機は、大きく分けてその検出ヘッドの構造により一体型（同軸ループコイル）と分離型（対向型コイル）に分類される（**図1.15**）。

また、構造にもよるが、検出部分の位置の違いで検出感度が違うこと（**図1.16**）、さら

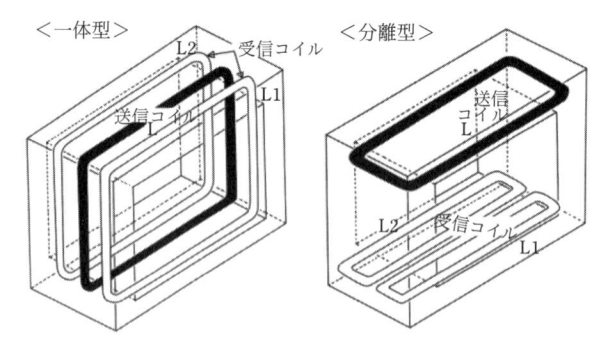

図1.15 基本的な金属検出機の型式（イシダ講習テキスト改変）

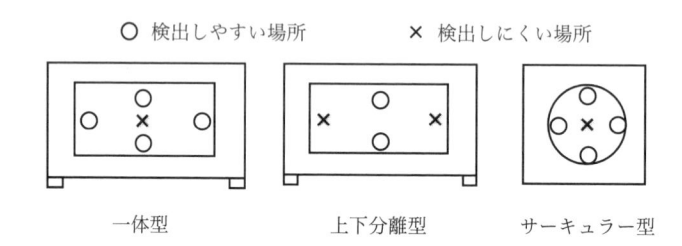

図1.16 検出部分の位置の違いと感度の関係（イシダ講習テキスト改変）

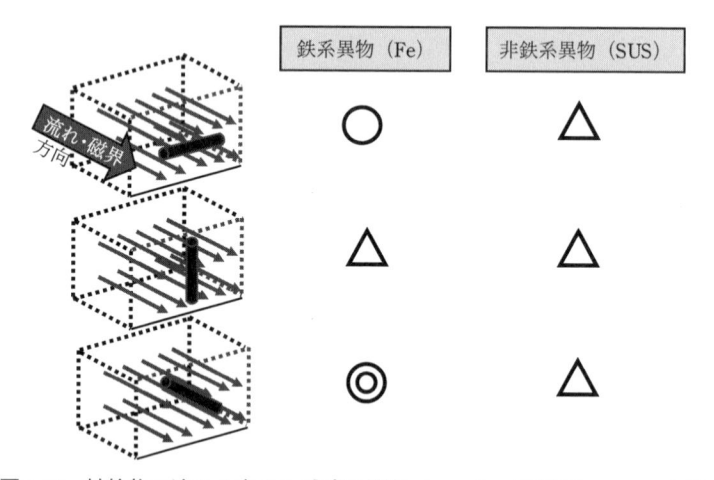

図1.17 被検物の流れる向きと感度の関係（アンリツ産機講習テキスト改変）

には被検物の形状・向きなどにより感度が違うこと（**図1.17**）[4]など、その検出機の特徴を熟知して使用することが重要である。

　感度を上げるためには、ノイズを減らすことが必要であるが、設置場所による電気や振動のノイズのほか、被検物の水分、塩分濃度、温度、そして大きさなどの影響も受ける。例えば、冷凍品では確実に凍っている状態で検査することが要点である。

　一般に、鉄などの磁性体には低い周波数の電磁波が、逆にステンレスなどの非磁性体には高い周波数が適しているとされ、実際の運用はその両者にとって一番適するとされる条

件で周波数が決定される。最近では、それらについてそれぞれ最適な2つの周波数で管理する装置となってきたが、1台の発信機で周波数を切り替えたり、あるいは2台でそれぞれ連続的に発信したりと、金属検出機も進歩しているものの、期待される大きな感度向上にはなっていないように思われる。関係者に尋ねてみると、0.5 mm φ以下の金属異物を検出できるのが安心レベルといわれるようであるが、実務上、各社苦労されているように思える。

(2) 金属検出機の使用・管理上の注意

金属検出機の使用、管理上の注意を以下に挙げた。使用に際しては機器が十分活用されるよう、また検知・排除したものが不用意に廃棄されたり、元のラインに戻されないように注意しなければならない。

- 始業前だけでなく、少なくとも終業時にもテストピースによる作動を、排除装置も含めて確認する。(2時間ごと以内の実施により、異常時の対象ロットを狭められる)
- 作業者に勝手に感度を調整させない。
- 担当責任者を決め、ほかの人には調整させない。
- 誤作動が多いときは上司に報告し、すぐに原因を追究してもらう。
- 排除品は明示された色の違う箱などに入れ、正常品との識別管理を明確にする。
- 排除品は選任した取り扱い者以外には触らせない。
- 排除品はすぐに内容(原因)を確認する。(精査用の金属検出機、磁石の利用がよい)
- 記録をとる。(点検・作動回数・異常発生・処置など)
- 毎年1回は業者による点検を受ける。
- 金属検出機用テストピースの保管は、コイルの磁界の影響を受けない場所に置く。

このほか、金属検出機が作動不良となったり、異物が検出されたときは、上述の内容が肝心な作業者に理解されていなければならない。そのためには、各事態に対して対応方法を定め、周知しておくことが重要である。各担当の責任範囲と連絡先を明確にして、フロー図で示しておくのもよい。

1.4.3 X線異物検出機

(1) X線異物検出機の知識と特徴

X線異物検出機は金属だけでなく、石・プラスチックなどの検出も可能であり、近年設置が増えている。特徴としては、発光管(ランプ)とセンサーがあり、その交換が必要である(**図1.18**)。導入に当たっては、イニシャルコストだけでなく、故障時の対応も含めたランニングコストも十分検討する必要がある。金属検出機やX線検出機の原理・機

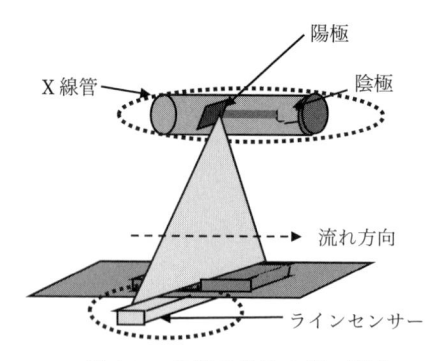

図1.18 X線異物検出機の構造

能・取り扱い上の注意などは、専門の解説書が業者から発行されている[4]ので、それを参考にするとよい。

X線異物検出機の利点は、主に以下のようなことである。

・金属以外の異物も検出可能である。
・アルミ包材や金属缶内の異物も検出可能である。
・温度、塩分、水分の影響を受けない。
・線形の金属異物の方向性は影響が少ない。
・異物の検出画像が残る。
・欠品検査やマスキング検査ができる。

しかしデメリットとして、普及に伴い以前に比べて安価になってきたとはいえ、まだまだ高価である。また、ランプとセンサーには寿命があり（それぞれの寿命は1万時間程度といわれる）、故障時の予備品や緊急対応体制を考えると、ランニングコストも馬鹿にならない。取り扱いの資格は不要であるが、事前の設置届出が必要である。

さらに、もう1つ、気をつけなくてはいけないのが検出感度で、

$$感度＝原子番号×密度$$

とされ、例えばアルミニウムの感度値は$13×2.7=35.1$である。これ以上なら検出しやすいが、アルミニウムレベルの薄い小片は不検出となる可能性もある。また、ガラスは主成分がケイ素（二酸化ケイ素（SiO_2））で原子番号は14、密度は約2.5であり、その積は35で、これも検出しにくい。プラスチックやゴムも同様に、主成分は炭素や水素であり、密度は1程度で、さらに検出しにくい。小骨の場合、カルシウムやリンが組成であり、密度は1程度で、やはり高い感度は得られないなど、設置する際には検査する原料や製品の状況に大きく影響を受けるので、工程のどの段階に設置するか十分検討する必要がある。

(2) X線異物検出機の使用・管理上の注意

X線異物検出機で使用・管理上の要点は、前述の金属検出機とほぼ同じである。金属検

出機に比べ利点が多いが、使用上の注意や管理上の注意点は同じである。ただ、金属の検出能力は優れているが、被検物により検出しにくくなったり、上述のごとくガラス、プラスチックなどに対しては検出能力は落ちるので、過信は禁物である。

1.5　識別管理と誤出荷の防止

これまで、異物の発生源を抑えて製品への混入の防止すること、および万が一製品へ混入してしまった場合の発見・排除による流出防止について述べてきた。しかし、せっかく排除しても、最終的にその場所から隔離され、廃棄なり処分されないと、再び混入する可能性は否定できない。ここでは、それを防ぐための方法を解説したい。

1.5.1　識別管理と24時間ルール

ISO9001（2005）JIS Q 9001「不適合製品の管理」には、「組織は製品要求事項に適合しない製品が誤って使用されたり、又引き渡されることを防ぐために、それらを識別し、管理することを確実にすること」とある。そのためには、次の点がポイントである。

それは、①対象ロットを明確化すること（物理的にわかりやすく区分すること）、②不具合発生時の手順、責任者、権限などを明確にすること、③記録を確実にとっておき、何かあったらそれを確認してロット範囲を確定したり、自分達の責任事実を明確にすること、である。

また当社では、「24時間ルール」と名づけて、以下の7つの項目すべてについて合格していることを最終的に確認したうえで、初めて出荷OK、製品がリリースされるシステムとしている。

① 原材料・副資材入荷時検査
② 工程内検査
③ トラブル・異物発見報告・工事情報
④ 製品検査（化学・官能・微生物）
⑤ 終業時清掃・点検
⑥ 翌日始業時清掃・点検
⑦ 生産数量確認（前日在庫と当日入荷原材料が生産量と矛盾がないか確認する）

最終承認者には、主に品質保証責任者が当たっているが、各項目の細かい内容まですべて見られるわけではない。当然、権限委譲を行い、本当に自分が見るべき項目、箇所を見て判断している。特に、前日にトラブルがあり一部廃棄するなどしたときは、日報にはそ

の事実が記入されているので、自分の目で確実に処置されていることを確認するように注意する。せっかくルールが機能していたとしても、どうしても現場側では対象ロットの範囲を狭くしたいという意識も働き、間違った識別管理をして誤出荷してしまう例もあるので、最終責任者としての立場から「3ゲン主義」(現場・現物・現実) を実践し、慎重に判断を下すようにする。

1.5.2 トレーサビリティー

使用される原料のロット管理は、大概は入荷ロットの確認から製品化まで、日報などで管理されていると思われるが、当社では、馬鈴しょについては基本的に契約栽培とし、その多くは梱包形態の1つであるコンテナ (約1.5t積載) 単位で、生産農家、使用された種芋、圃場、肥培・農薬管理状況はもちろん、収穫日などの情報を把握している。

原料由来の異物混入の可能性を含め、対象ロットを詳細に定義し追究できるようにすることも重要である。

また、製造された製品には賞味期限のほか、製造日、さらにはライン、包装号機、そして時間・分および当日の製造開始からのシリアル No. を打って、製造時の情報と製品が一致するようにして、お客様クレーム対応時の当該ロット範囲の特定に役立てている。

1.6 是正処置と予防処置

異物混入などの不具合が生じたときは、速やかにその原因を追究して再発防止を図らなければならないが、なかなか言葉どおりにはいかないのが現実である。それは、真の原因をつかんでいなかったり、原因を人の不手際だけのものとしたり、設備の不具合がわかっても経費などの理由により改善が進まない、などによることが多い。また、発生情報が他工場の関係者などに十分伝わっていなかったり、当事者以外はその重要性を感じない傾向があることや、標準化を本社側が積極的に行わないなどにより、同様の不具合をほかの工場で発生させてしまうこともある。

そこで当社では、重大な不具合が発生したときは、緊急の発生報告書として「重大不適合発生報告書 (A表)」、是正処置報告書としての「重大不適合是正処置報告書 (B表)」、そして原因究明・対策のための「重大不適合製品なぜなぜ分析シート (C表)」などを活用し、関係する工場や責任者へ発信し、是正処置・予防処置に役立てている。重大不適合製品 (重大な異物混入) が発生した工場では、これらの報告書を作成・報告することになっている。

また、予防処置の徹底のために、F表として「関連工場確認・処置報告書」を作り、こ

れを受け取ったほかの工場は自工場の発生可能性をチェックし、本社へ報告をするようなシステムを構築した。

1.6.1 最後は人

これまで、毛髪や金属異物を中心とした混入防止についていくつかのルール・基準などとその実践について述べてきたが、これらを実施するのは現場で働く管理監督者を含めた従業員である。管理者側は、一度ルール・基準などを作りそれを教育すれば、従業員は必ず守ってくれるものと思っている。しかし、「そう簡単にはいかないのが世の常」と考えて、1つずつ決めたことの実施状況を見直してみるといいかもしれない。

(1) ルール・基準の遵守の徹底

衛生準備室での粘着ローラーの掛け方について、経過時間ごとの実施状況を調査してみた（**図1.19**）。定時勤務者が主な工場ではあるが、始業時に高かったローラー掛けの状況が時間が経つにつれて下がり、午後3時の休憩後は、ローラーの掛け方が適切であった人の割合がゼロになってしまった。

一度決めたルール・基準などをしっかり守るようにすることは、簡単なようで容易ではないのはご承知のとおりである。ルールの徹底を図るために、いくつかの注意点が挙げられる。

その主なことは、取引先へ行ってよく感じることであるが、5S【整理・整頓・清掃・清潔・習慣化】（著者は「躾」とせず、「習慣化」としている。相手は同じ仲間であり自分もそのような言葉を使える立派な人間ではないからである）がよくできている工場は、挨拶もよくできていることである。挨拶がよくできていれば、コミュニケーションもうまくいき、工場の不具合などの情報が速やかに伝わりやすい雰囲気となり、結果としてルール・基準を守る体制が整うものと思われる。

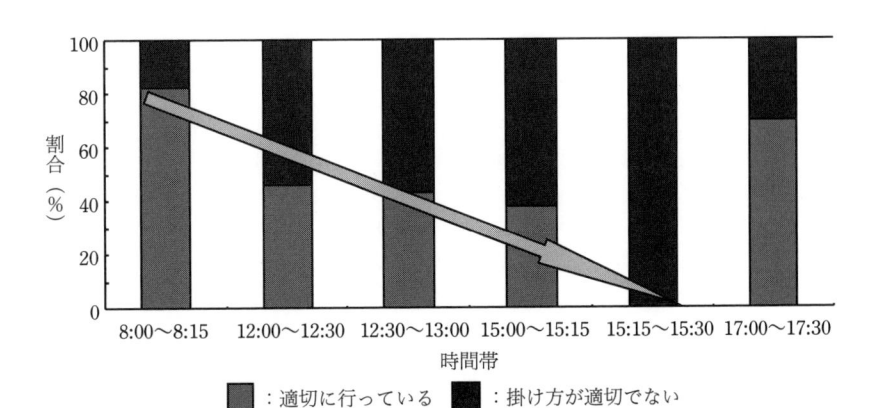

図1.19 ローラー掛け実施状況の時間経過比較

(2) 教育と訓練

　一般に、従業員教育と一括りで表現される教育・訓練であるが、どのような目的でどのように実施するかは、以下のような言葉の定義を参考にして行うことが肝要である。

　例えば、「教育（Education）」とは言葉を変えれば、「知らない（＋忘れた）」ということであり、言葉の意味は小学館の『大辞泉』によると、「ある人間を望ましい姿に変化させるために、身心両面にわたって、意図的、計画的に働きかけること」「知識の啓発、技能の教授、人間性の涵養などを図り、その人のもつ能力を伸ばそうと試みること」とある。また、「涵養」とは、「水が自然に染み込むように、無理をしないでゆっくりと養い育てること」と記されている。教育は、あまり急ぎすぎてもいけないようである。

　一方、「訓練（Training）」は、「できない」ことを「できる」ようにすることでもあり、「あることを教え、継続的に練習させ、体得させること」「ある技術について教え込み身につけさせること」とある。

　少し強引かもしれないが、訓練は具体的には繰り返して体得する、いわば Drill ともいえる。この違いを考えながら教育・訓練を実践することが重要ではないだろうか。

　また、このほかルール・基準などを守らせるための基本的なことは、①分かりやすいルールとし、理解し、納得してもらう、②繰り返し行う、③できばえを確認する。そして、④うまくできれば褒めること、が大切である。

　古びた金言かもしれないが、「やってみせ、言って聞かせてさせてみせ、ほめてやらねば人は動かじ」――という山本五十六の言葉がある。また、「話し合い、耳を傾け承認し、任せてやらねば人は育たず」、「やっている姿を感謝で見守って、信頼せねば人は実らず」とも残している。

　自ら人を信頼してこそ、相手の成長があり相互の信頼感も生まれる。管理監督者の率先垂範は当然のことではあるが、「ホウ・レン・ソウ」といわれる報告・連絡・相談という基本的なことこそが、身近な、最も基本的なことなのかもしれない。

参 考 文 献

1) 緒方一喜ら(編)：異物混入防止対策、中央法規出版 (2003)
2) 食品産業センター：食品企業の事故対応マニュアル作成のための手引き（第1版）(2009)
3) 横山理雄ら(編)：PL対応　食品異物混入対策事典、サイエンスフォーラム (2000)
4) 佐藤邦裕ら(編)：人を動かす食品異物対策、サイエンスフォーラム (2001)
5) http://ja.wekipedia.org/wiki/%E5%89%B2%E3%82%8C%E7%AA%93%E7%90%86%E8%AB%96
6) イカリ消毒株式会社：イカリ消毒毛髪混入対策ワークショップテキスト、2010（沼本、大沢ほか1977）
7) 日立ニュースリリース、日立ハイテクトレーディング (2008)　http://www.hitachi-hitec.com/news_events/product/2008/nr2008051
8) 新宮和裕ら(編)：食品異物除去ハンドブック、サイエンスフォーラム (2008)

9) 中村弘：磁石のABC、講談社ブルーバックス (1987)
10) マグネティックジャパン：マグネティックジャパン技術報告(5) (2006)

（子林　勝義）

第2章　食品工場の食物アレルゲンコントロールプログラム

　アレルギー物質を含む加工食品の表示制度（以下アレルギー表示制度）が施行されてから平成23年4月で9年になる。施行以来、食物アレルギーによる事故などは報告されていない。しかし、表示違反は平成21年10月から平成22年10月の1年間に47件発生している[1]。

　日本における食物アレルギー患者の正確な数字は把握されていないが、全人口の1～2％程度と言われている[2]。食物アレルギーの主な症状は「かゆみ・じんましん」であるが、「下痢」、「咳」、「嘔吐」などの場合もあり、全身症状になると「アナフィラキシーショック」を引き起こし、最悪の場合は死に至る。特殊な例としては、食物アレルゲンを摂取後、激しい運動をすることにより発症する「食物依存性運動誘発アナフィラキシー」が報告されている。

　アレルギー表示制度は、研究班による調査報告などにより随時見直しが図られ、追加されている[3,4]。**表2.1**に平成22年末までに追加・施行された主な内容についてまとめた。

　日本では、表示制度施行後の食物アレルギーによる事故の報告はないが、北アメリカでは食物アレルギーが原因の死亡例が報告されており、リステリア菌の食中毒と食物アレルゲンがアメリカの食品企業における最近の重要な管理項目となっている。

　原材料、製造工程および包装出荷に至る全工程において食物アレルゲンによる製品汚染防止の仕組みを構築するためには、全体的な管理プログラムが必要である。しかし、食品工場では複数の原材料と複雑な製造工程に基づく大量の製品を生産しており、従来の品質管理の考え方では食物アレルゲンが混入する可能性を否定できない。食物アレルギーに由

表2.1　食物アレルギー表示制度の追加施行一覧[3,4]

平成13年	4月	食物アレルギー表示制度告知
14年	4月	食物アレルギー表示制度施行
14年	11月	アレルギー物質を含む食品の検査方法通達
16年	12月	特定原材料に準ずるものとしてバナナを追加
17年	10月	アレルギー物質を含む食品の検査方法改定
18年	10月	エピネフリン自己注射の食物アレルギー患者への処方開始
20年	6月	えび・かにの表示の義務化告知
22年	6月	えび・かにの表示の義務化施行
22年	10月	加水分解コムギ末を含有する医薬部外品、化粧品の使用上の注意

来する事故が発生することを未然に防ぐためには、「表示の信頼性」を高めることと、食物アレルゲンの交差汚染を防止するためのコントロールプログラムが運用されていることが必須である。

筆者らは、CFIA（Canadian Food Inspection Agency）のアレルゲン予防プランを参考にして、独自に食物アレルゲンコントロールプログラム*を構築し実践している。本稿では実際の取り組みを踏まえて、食物アレルゲンコントロールプログラムの考え方について述べる。

2.1 日本における食物アレルゲン表示の取り組みの経緯

厚生労働省は食物アレルギー患者の増加を受け、アレルギー表示制度を平成14年4月1日から施行した。このアレルギー表示制度は、食物アレルギー患者を含む消費者が購入時や喫食前に表示を確認して、健康危害を未然に防止することを目的としている。

施行当初、対象食品（原材料）は義務化5品目（特定原材料）と奨励19品目（特定原材料に準ずるもの）に区別されたが、研究班の調査結果を踏まえ平成22年6月よりえび、かにが義務化品目に加わり、義務化7品目、奨励18品目となった（表2.2）[5]。なお、義務化された食品は表示においてその有無を明記することが法令化され、奨励品目については加工食品製造・販売業者の判断となっている。また、加工された食品中に含まれる食物アレルゲンを測定する公定法は、平成14年11月6日に厚生労働省医薬局食品保健部長付で「アレルギー物質を含む食品の検査方法について」が通達され、加工食品の確認手段として確立された。なお、追加されたえび、かにについても検査法が確立されている。

食品アレルゲンがアレルギーを発症する閾値には個人差があり、またその時の体調に

表2.2 省令／通知による規定[5]

規　制	特定原材料名	理　由
省令7品目	卵、乳、小麦、えび、かに	症例数が多いもの。
	そば、落花生	症状が重篤であり生命に関わるため、特に留意が必要なもの。
通知18品目	あわび、いか、いくら、オレンジ、キウイフルーツ、牛肉、くるみ、さけ、さば、大豆、鶏肉、バナナ、豚肉、まつたけ、もも、やまいも、りんご	症例数が少なく、省令で定めるには今後の調査を必要とするもの。
	ゼラチン	牛肉・豚肉由来であることが多く、これらは特定原材料に準ずるものであるため、既に牛肉、豚肉としての表示が必要であるが、パブリックコメントにおいて「ゼラチン」としての単独の表示を行うことへの要望が多く、専門家の指摘も多いため、独立の項目を立てることとする。

よっても異なる。そのため、一定の基準を明確にすることが極めて困難であったので、厚生労働省は、特定原材料の表示を総タンパク量で表し、加えて総タンパク量が数 $\mu g/ml$ 濃度レベル、または数 $\mu g/g$ 含有レベルに満たない場合は表示を省略してもよいとしている[6]。

ただし、食品のアレルギー表示では可能性表示を認めていない。例えば、うどんとそばの生産ラインを持つ工場で、同じ釜でそばを茹でた後にうどんを茹でたとする。目視でそばの破片などを完全に取り除いたとしても、ボイル水にそばの成分が溶出していてうどんを汚染する危険性が考えられる。日本の法律では「うどんにそばの成分が入る可能性があります」などの表示は許されない。このような場合は、「この製造ラインではそばを加工しています」などの注意喚起表示となる。

アレルギー表示制度の内容は、今後の調査研究において見直しされる場合も考えられる。

表示制度については現在、消費者庁のホームページで公開されており、定期的に確認し、常に正確な情報を集め対応することが必要である。

2.2　カナダの食物アレルゲン予防プラン

カナダでは、製品への食物アレルゲン混入に由来する食物アレルギーの発症を未然に防止するため、CFIA が食物アレルゲンの混入を予防するためのプランを示している。カナダの食物アレルゲン対象原材料は、ピーナッツ、ツリーナッツ、ごま、乳、卵、魚・甲殻類・貝類、大豆、小麦、亜硝酸塩である。アメリカでは「この原材料を管理すると患者の 90％を防止できる」という視点から決定した、乳、卵、魚類、甲殻類、木の実、小麦、ピーナッツ、大豆の 8 品目をビッグ 8 として対象としている。

CFIA による 11 項目からなる食物アレルゲン予防プランを**表 2.3** に示す[7]。

まず、専門のチームを編成し危害要因分析をおこなう。カナダでは食物アレルゲンを HACCP の手法に基づき管理する。そのため、カナダで使用される HACCP プランの専用

表 2.3　CFIA による食物アレルゲン予防プラン[7]

1	食物アレルゲン予防チームの編成
2	リスク評価
3	原料管理体制
4	エンジニアリングとシステムデザイン（メンテナンス・設備のセパレート）
5	生産計画
6	動線管理
7	仕掛かり品の管理（リワーク・リパック）
8	ラベリングと表示
9	食物アレルゲンクリーニング
10	トレーニング（従業員・供給者）
11	消費者へのコンタクト（リスクコミュニケーション）

書式には、生物学的危害（B）、化学的危害（C）、物理的危害（P）に加え、食物アレルゲン（A）がある。このうち、食物アレルゲン管理におけるCCP（Critical Control Point＝重要管理点）として、生産手順、切り替え洗浄、食品表示、専用器具の使用などを設定する。これらのCCPは、微生物制御のように確実に危害をコントロールする項目ではない。しかし、切り替え洗浄後の製造機械の目視確認、生産計画や工程記録を確認することにより、工程中の混入を事前に防止することができる。

2.3　食物アレルゲンコントロールの考え方

製品への食物アレルゲンの混入を防止するには、食品の特性を考慮することと、製造工程において食物アレルゲンの混入防止が確実にできる方法を選定することである。そのためにはハード、ソフト、ヒューマンにかかわるすべての管理項目を検討し、対策を組み合わせて混入する可能性を摘み取る。**図2.1**に筆者らが提唱する製造パターン別の食物アレルゲンコントロールの例を示す。

必ず確認しなければならないのは原材料である。しかし、工場納品時に原材料中の食物アレルゲンを確認することは難しい。そのため、予め品質が保証された原材料を選択し購入することが必要となる。次に、製造方法では製造ラインの専用化が理想的である。施設、製造機械、備品、従業員などを他の製造ラインと完全に区別することで、他製品に由来する食物アレルゲンの混入を確実に防止できる。ところが、ほとんどの食品工場は食物アレルゲンを含む製品と、含まない製品を品目切り替えにより区別して製造している。この場合は、食物アレルゲンコントロールのための切り替え洗浄、生産日の固定、部分的な専用

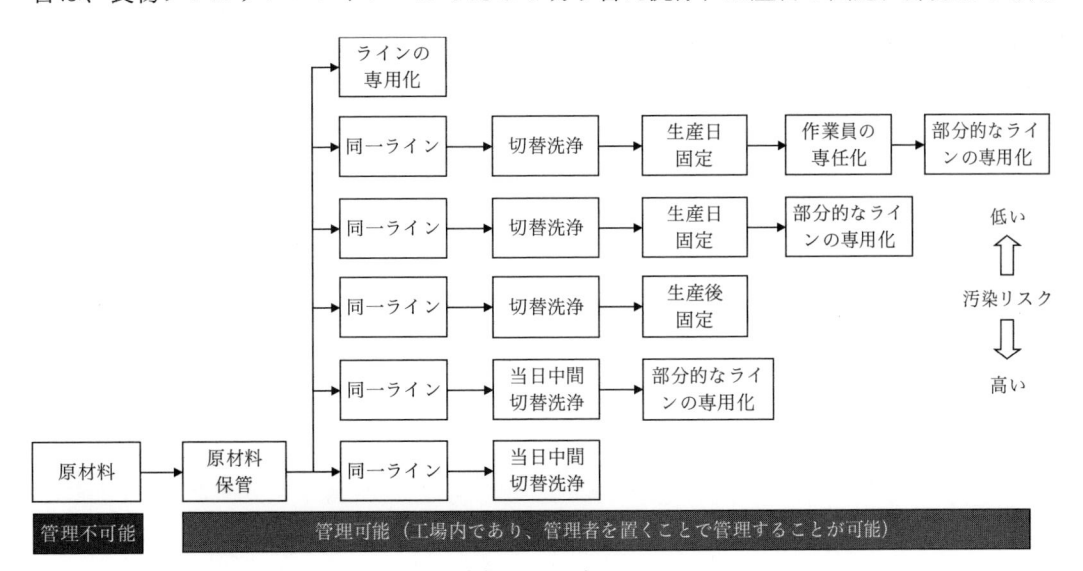

図2.1　製造パターン別の食物アレルゲンのコントロール（C&S原図）

表 2.4 製品特性別対策項目一覧表 (C&S 原図)

特徴	製品例	汚染度合い		対策の有効性				
		生産機械	製造環境	洗浄	ラインの専用化	生産日固定	人員固定	生産順序
液体	清涼飲料水 酒類 乳製品など	低い	低い	きわめて高い	低い	高い	低い	高い
半固体	マヨネーズ バターなど	低い	低い	高い	低い	高い	低い	高い
固体	食肉加工 惣菜 魚肉練り製品など	比較的低い	比較的低い	高い	やや低い	高い	高い	高い
粉体	小麦粉 ケーキミックス粉など	高い	高い	きわめて低い	きわめて高い	高い	高い	高い

化、従業員の専任化など、できる限りの対策をおこなって混入防止を図る必要がある。

製品特性別による対策の考え方を**表 2.4** に示す。例えば、飲料などの液体製品は、サニタリー配管などの閉鎖系で製造される。この場合は、周囲への飛沫の可能性はないので、食物アレルゲンの混入は切り替え洗浄と生産順でコントロールできる。惣菜などの固体製品の場合も周囲への飛沫の可能性は比較的低いと考えられるが、確実に混入を防止するために、切り替え洗浄、生産日の固定、部分的な専用化（衝立やカーテンなどで部分的に仕切る）などの対策をおこなう。ところが粉体製品の場合は、製品特性から周囲に飛散する可能性が高い。また、粉体製品の製造機械は水洗いが難しい構造のものが多い。この場合は、品目切り替え時に実施する清拭などの清掃だけではなく、できるだけ専用化を中心とした対策の組み合わせを検討しなければならない。

このように、製造工程と製品特性を把握することで管理すべきポイントが明確になり、食物アレルゲンコントロールプログラムの導入が可能となる。

2.4　食物アレルゲンコントロールプログラムの進め方

2.4.1　インスペクションによる確認

食物アレルゲンコントロールを導入するには、現状の管理状態を把握し、どの部分で混入が起こりうるか、混入した場合はどのように汚染が拡がっていくのかを確認する必要がある。これらを把握するために、まず製造ラインのインスペクション（視察）を実施する。インスペクションは原材料の受け入れから加工工程、そして包装出荷までを対象におこな

表 2.5 食物アレルゲン インスペクション項目（C&S原図）

	項　目	内　容
1	原材料の管理状態	原材料、納品、管理状態の確認
2	製造工程管理	製造計画、製造ラインの管理状態を確認
3	製造施設管理	空調等ユーティリティーの管理、専用化の状況を確認
4	動線管理	製品動線の交差の有無
5	SSOP	食物アレルゲンの除去洗浄の内容、実施頻度、モニタリングの確認
6	生産作業	食物アレルゲンの汚染防止に関する生産作業状態の確認

い、問題点を明確にする。表2.5にインスペクションの項目を示す。

　インスペクション結果は各項目について評価を数値化して把握する。筆者らは、評点について重大、軽微、改善の3段階の点数制を採用している。「重大」は「食物アレルゲンが製品に対して混入する可能性が高く、回収につながる危険性が高い事象」で、「生産計画が遵守されていない」「義務化7品目が接触している」「切り替え時の洗浄が適切に実施されていない」などが該当する。「軽微」は「現状を放置すると製品に食物アレルゲンが混入する可能性がある事象」で「切り替え洗浄は実施されているが記録がない」「受け入れ後の原材料の定置管理が実施されていない」などである。「改善」は「その場の指摘と教育により改善できる事象」で「食物アレルゲンの教育が継続して実施されていない」「環境清掃が計画通りおこなわれていない」など、直接は食物アレルゲンの製品への混入につながりにくい事象がこれにあたる。

2.4.2　食物アレルゲンコントロールプログラムの作成

　インスペクションから現状の問題点が判明すれば改善対策を実施し、その効果を確認したのちにコントロールプログラムを作成する。表2.6に筆者らが提唱する食物コントロールプログラムの項目を示す。

(1) 原材料の管理（供給者の管理と点検）

　総合衛生管理製造過程（日本版HACCP）の一般的衛生管理要件には、「原材料の購入にあたっては、その生産、流通過程等を把握するとともに、納入業者において衛生管理が十分行なわれていることを文書等で確認すること」という項目がある。原材料の管理は特に重要で、その確認は時間をかけて徹底して調査する必要がある[8]。

1) 供給者に対するアンケートの作成

　原材料の供給者に対し、アンケートのかたちで原材料の品質管理状態を確認する。質問には「同一ラインまたは他の製造ラインで食物アレルゲンを含む原材料を使用しているか」などを入れる。このアンケートはすべての供給者（包装資材メーカーも含む）に対して実施し、海外から輸入されている原材料を使用している場合は、拠点まで遡って確

表 2.6　食物アレルゲンコントロールプログラム（C&S原図）

	大項目		内　容
1	原材料の管理（供給者の管理と点検）	1.1 1.2	供給者の確認と評価 原材料規格ファイル
2	製造施設の管理	2.1 2.2 2.3	専用化の方法と管理 製造工場のサニタリーデザイン ユーティリティー
3	製造工程の管理（原材料保管、生産順など）	3.1 3.2 3.3	原材料の管理 製造工程管理 記録保管
4	食物アレルゲンの除去洗浄 （製造機械、製造環境の衛生管理）	4.1 4.2 4.3	食物アレルゲンの除去洗浄の設計 衛生標準作業手順書 定期管理（TDWM）
5	動線管理（食物アレルゲンマップ）	5.1 5.2	原材料、製品、廃棄物、作業員動線管理 食物アレルゲンマップ
6	従業員の教育、訓練	6.1 6.2	教育プログラム 実地訓練
7	食物アレルゲン監査	7.1 7.2	定期監査と教育 フォローアップ

表 2.7　CFIA 供給者アンケート例 [7]

下記の質問に対して「はい」、「いいえ」で答えてください。
もし、使用していない場合は「いいえ」と答えて下さい。決して空欄の無い様にお願いします。

　　　　成分　　　　　　成分含量　　　同一ラインでの使用　　　工場内保管
・落花生およびその派生物
・ツリーナッツおよびその派生物
・乳製品（牛乳・カゼイン）
・卵

認することを求める。

　アンケートは簡単な質問形式にする。回答は「はい」「いいえ」にすると時間もかからないため、回答率が向上する。ただし「どちらでもない」などの曖昧な回答は避け、不明な場合は「いいえ」で回答するように申し入れる。また、アンケートの質問数は 30 程度に設定する。

　筆者らはアンケート項目として、①一般情報、②組織と衛生管理プログラム、③製造工程、④仕入れ原材料の確認と管理、⑤納品体制、⑥コミュニケーション状態を提案している。**表 2.7** に CFIA が実際に使用しているアンケート例を示す [7]。簡単な内容であるが、重要な内容を確実に把握できるよう、質問項目を選定している。

2)　アンケートの評価

アンケートの評価は、①原材料が占める割合、②原材料の重要性（全製品に使用される、配合量が多いなど）、③品質などに問題のある原材料、④納品業者の指摘に対する改善意欲（コミットメント）なども考慮しておこなう。また、過去の食物アレルゲン混入事故などの情報も評価の対象とする。

3) 現場調査

アンケートの結果から、詳細な確認が必要と判断された供給者に対しては調査を実施する。この調査では、品質管理に関して必要な情報を得なければならない。そのため、調査用チェックシートを事前に作成し、確認漏れがないようにする。調査の結果、重大と評価された項目や状況については是正措置要求書を発行し、改善を求める。このとき、供給者に対する食品工場側からの支援や教育の協力を申し入れると、良い関係が得られる。是正措置要求書を発行した場合は、改善後のフォローアップ調査を必ず実施する。

4) 審　査

どの供給者から原材料を受け入れるかの審査は、必ず経営者、工場長、品質管理担当者、製造現場担当者、購買担当者など複数で意見交換をおこない、決定する。もし、品質維持が難しいと判断された場合は、供給者に審査の内容を説明し理解を求める。

5) 原材料管理リストの作成

審査後、アンケートや調査で得られた情報も加えて、原材料規格ファイルを全原材料別に作成する。原材料規格ファイルには、原材料の加工工程や管理基準を明記し、今後の管理に活用できるようにする。また、検証作業として、定期的に公定法により食物アレルゲンの有無を確認する。

(2) 製造施設の管理

製造環境は、食品工場にとって副原料と考えるべきである。製造機械の衛生管理をしっかりおこなっても、施設からの食物アレルゲンの混入が発生すると、製品の回収につながる可能性があるからである。施設管理には、施設の専用化や空調の管理、サニタリー設計などが含まれる。

食物アレルゲン管理では、施設の理想な形は専用化である。専用化と聞くと通常は建屋、製造機械、従業員などをすべて区別すると考えがちであるが、そういうことではない。生産日、ラインを限定するなどの対策に加えて、混入する可能性がある場所を限定して対応をとることでも防止は可能である。

1) 専用化の方法と管理

食物アレルゲンの混入を防止するには、ハード的には製造ラインの専用化が望ましいが、製造機械の部分的なカバーや衝立などによるパーテーションで対応できる場合もある。**図2.2**は食物アレルゲンを含まない製品の充填室を完全に専用化した例である（写

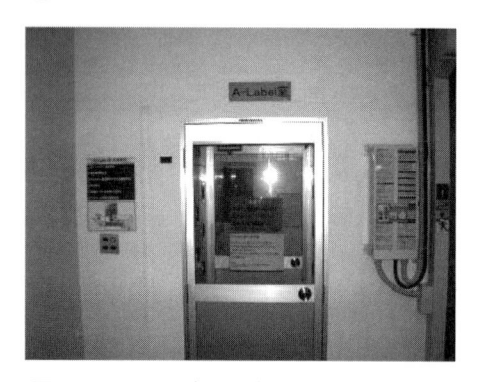

図 2.2 アレルゲンを含まない製品専用充填・包装室
(写真協力：(株) 永谷園茨城工場 (2011年7月現在))

図 2.3 製造ラインの専用化例
(写真協力：(株) サンフレックス永谷園 (2011年7月現在))

真協力（株）永谷園茨城工場）。当工場では24時間陽圧化し、入室する際も衣服、靴などすべて着替えることによって交差汚染を防止している。

ラインの専用化に当たっては、工場の構造、生産品目、ライン配置を考慮し、専用化の方法と管理方法を決定しなければならない。

2) 製造施設のサニタリーデザイン

製造施設は、洗浄や清拭が可能な構造と建築資材を選定し、管理が容易におこなえるようにサニタリー性を考慮して設計する。工場内では製造環境にユーティリティー配管などが設置されているが、これらの配管の上部やエルボー部分（湾曲した部分）の表面などに、食物アレルゲンを含む塵埃が蓄積する場合がある。この塵埃が製造ラインに落下すると混入汚染が発生する可能性があるため、塵埃が堆積しにくい構造にするか、清掃が容易な構造を採用する。また、塵埃の堆積しやすい蛍光灯や懸垂物などは埋め込みとするか撤去する。

サニタリーデザインの考え方は、製造機械についても必要である。例えば、混合機の攪拌部分に隙間があると食材が入り込む可能性がある。攪拌部分を一体化して残渣が入る部分をなくすか、分解が容易にできるように改良し、清掃や洗浄などの日常管理が可能な構造にすることを検討する。

図 2.3 は製造ライン（サニタリー配管）を区別した例である（写真協力（株）サンフレックス永谷園）。食物アレルゲンを含まない製品が流れるラインと通常品が流れるラインを区別することで、食物アレルゲンの混入を防止する理想的な例である。製品の切り替え洗浄の必要がないため、切り替え時間の短縮、稼働率の向上、従業員の負担軽減につながる。

機械の配置も考慮の対象となる。特に、ベルトコンベアが交差する部分は注意しなければならない。食物アレルゲンを含む製品が上のコンベアを流れる場合、落下などにより下の製品に混入する可能性が考えられる。配置変更が難しい場合、下のコンベアにカ

バーを設けるなどの部分的な専用化対策をおこなう必要がある。

3) ユーティリティー

食物アレルゲンの混入を防止する上で、空調を含むユーティリティの管理は欠かせない。食品工場では、内部循環式のエアコンなどで室内の空気を調整する場合が多い。このとき、エアコン内部に食物アレルゲンを含む粉体などが入り込むと飛散汚染につながる可能性があるため、空調などのフィルター、空調機内部は定期的に洗浄を実施し、混入防止を図る。エアコン内部を自動的に水洗いできる装置などを導入すると管理がしやすい。

(3) 製造工程の管理（原材料保管、生産順など）

製造工程管理には、原材料の管理（保管と計量）、製造工程管理（生産手順、生産日の固定、仕掛品の管理など）、食品表示がある。特に製造記録は重要で、事故発生時に製造状況を確認するための手段であり、確実に記録し保管する体制が必要である。食品衛生監視員による査察でも製造記録の内容を重視する場合が多い。

1) 原材料の管理

原材料の受け入れ時は、指定された原材料が間違いなく納品されているかを確認するためにモニタリングをおこない、記録を保管する。納品時のモニタリング項目は、①指定された原材料であること、②荷姿、個数に違いがないこと、③破袋、汚れがないこと、④納品トラックの荷台が汚れていないこと、⑤指定された方法で納品されていることなどである。もし異常があれば、納品を保留し速やかに対処しなければならない。

荷受後は速やかに指定された場所で保管するが、食物アレルゲンを含む原材料は必ず下段で管理する。これは上段で食物アレルゲンを含む原材料を保管すると、下段の原材料に混入する可能性が考えられるからである。また、色による区別（カラーコントロール）や色別に表示することも有効である。図2.4はアレルゲンを含まない製品の原材料の場所を指定し、区別している例である（写真協力（株）永谷園茨城工場）。ラベルの色は緑色で統一されている。このようにカラーコントロールを導入すると、新人の従業員やフォークリフトの運転者でも容易に識別ができ、ヒューマンエラーを防止することができる。

図2.4 原材料保管場所の指定による管理
（写真協力：(株) 永谷園茨城工場
（2011年7月現在））

2) 製造工程管理
① 生産計画

生産計画は、食物アレルゲンコントロールにおいて重要な管理方法である。複数の製品で製造ラインを共有する場合には、できる限り食物アレルゲンを含まない製品から製造し、最後に食物アレルゲンを含む製品を製造する計画を立てる。消費者庁の「アレルギー物質を含む食品に関する表示 Q&A」には、「コンタミネーションの防止対策として、製造ラインを十分洗浄した上で、特定原材料などを含まないものから製造することが考えられます」と明記されている[9]。

　生産計画を立てる場合、同時に生産日と製造ラインの固定も実施する。他のラインと隣接する場合はパーテーションを設けることなどで混入防止を図る。従業員も固定し、エプロンや帽子の色を変えてすぐに担当者が確認できるようにする。なお、従業員を固定した場合はその移動も制限しなければならない。また、製造用、清掃用の備品なども区別する必要がある。

　製品の切り替えは少なくなるように配慮する。切り替え洗浄に1時間もかかるようでは作業も煩雑になり、切り替え洗浄の定着が困難となるからである。

② 仕掛品、端数管理

　製品の仕掛品や原材料の端数管理は重要である。充填時にシール不良や計量不良が発生した場合、指定された容器に保管し品質を確認してから出荷することがある。このとき、保管を定められた手順に従っておこなわないと食物アレルゲンの混入が発生する可能性がある。また、再生のために仕掛品を保管し翌日一定の割合で混合して製品化する場合は、必ず含まれている食物アレルゲンを表示する。原材料や仕掛品は、外観からは食物アレルゲンの有無の区別はできないからである。

③ 食品表示の管理

　食品表示は重要な管理項目である。当然のことであるが、製品の成分と表示は一致しなければならない。

　表示は配合変更時、改版時、新商品の導入時は必ず確認する。この場合は先行してサンプルを取り寄せ、複数の人で確認する。また新しい表示の保管場所は誰でも簡単に旧品と区別ができるようにする。特に、よく似た表示の場合は横から見てもすぐにわかるよう色線などをつける。現場では、常に最新の正しい表示を使用するようにしなければならない。管理者がわかっていても、作業者が理解していないとヒューマンエラーが起こる。いかに人為的ミスをなくすかが大切である。

(4) 食物アレルゲン除去のための洗浄（製造機械、製造環境の衛生管理）

　食物アレルゲンコントロールにおいて、洗浄は重要な管理方法である。ただし、洗浄作業後に食物アレルゲンが残留すると回収という事態に発展する可能性があるため、洗浄は科学的根拠のある方法で設計し、実施しなければならない。平成13年3月21日の厚生

労働省医薬局食品保健部企画課長通知の第5その他の留意事項において「特定原材料のコンタミネーションが起こらないよう留意するよう指導すること。特に製造業の監視に際しては、使用した機械器具類は、十分に洗浄を行い、特定原材料のコンタミネーションが起こらないよう指導すること」と明記されている[10]。これは行政による監視指導時の留意事項であるが、洗浄を重要な管理項目と位置付けている。

1) 食物アレルゲン除去の洗浄の設計

品目切り替え時に食物アレルゲンを除去するための洗浄は、通常の機械の洗浄とは異なる。食物アレルゲンは微量の混入でアレルギー症状を発症する可能性があり、製造機械を分解し細部に至るまで残渣物を除去しなければならない。このため、洗浄は製造加工作業の一部として捉え、十分に時間をかけられる体制を整えることが必要である。また、洗浄方法を設計する際は食物アレルゲンをタンパク質として除去する方法を選択しなければならない。

① 食品製造機械の洗浄方法（水を使用する場合）

図2.5に食物アレルゲン除去のための基本の洗浄工程を示す。

はじめに残渣をできる限り除去する。次に、タンパク質を徹底して除去するため、可能な限り機械を分解し洗浄する。すすぎ水の水温は40〜50℃程度に設定する。水温が高すぎる（75℃以上）とタンパク質が凝固する可能性があるため、水温には注意する。

洗剤はアルカリ（水酸化ナトリウム）洗剤の使用が望ましい。ただし、機械の部品の性質や生産中の切り替えのためにアルカリ洗剤の使用が難しい場合は、弱アルカリ洗剤や中性洗剤を使用する。洗剤は発泡洗浄機などで泡状にして使用すると、より効果的である。機械の端、隙間、コンベアなどはアルカリ洗剤を一定時間接触させてから、ブラシを使用してこすり洗いする。ここで注意しなければならないのは、ブラシなどの洗浄資材の管理である。食物アレルゲンの除去洗浄に使用する洗浄資材は専用とし、

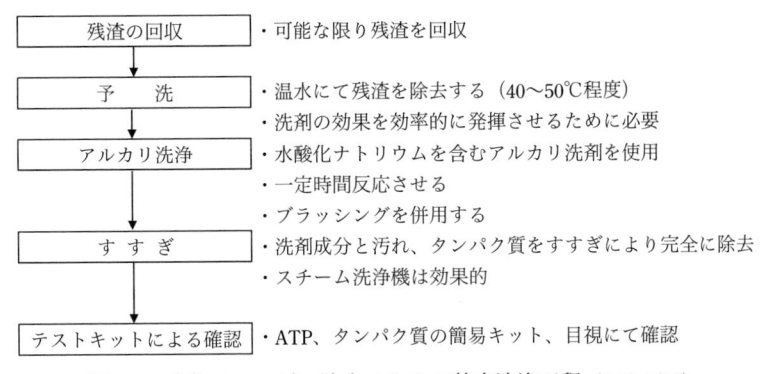

残渣の回収	・可能な限り残渣を回収
予 洗	・温水にて残渣を除去する（40〜50℃程度） ・洗剤の効果を効率的に発揮させるために必要
アルカリ洗浄	・水酸化ナトリウムを含むアルカリ洗剤を使用 ・一定時間反応させる ・ブラッシングを併用する
すすぎ	・洗剤成分と汚れ、タンパク質をすすぎにより完全に除去 ・スチーム洗浄機は効果的
テストキットによる確認	・ATP、タンパク質の簡易キット、目視にて確認

図2.5 食物アレルゲン除去のための基本洗浄工程（C&S原図）

カラーコントロールにより交差汚染を防止する。

　すすぎは、洗剤成分と一緒にタンパク質を洗い流すため確実におこなう。すすぎによりアルカリ洗剤が除去されたかどうかは、pH試験紙などですすぎ水や製造機械表面の水滴のアルカリ度を検査して確認する。すすぎ時に高圧洗浄機やスチーム洗浄機を使用するとより除去効果が期待できるが、洗浄水の飛沫が飛び散っても機械本体や他の製造ラインに影響がないように十分配慮しなければならない。最後に、微生物管理が必要な製造機械は殺菌（除菌）工程を追加する。

② 食品製造機械の清拭方法（水が使用できない場合）

　食品工場によっては水による洗浄ができないケースがある。粉体を取り扱う工場などでは、水を使用すると粉体への吸湿や微生物汚染につながり、また防水機能がない機械も多いからである。これらの場合はできる限り機械を分解し、吸引と清拭により食物アレルゲンを除去する。吸引機の排気による二次的飛散も考えられることから、筆者らはHEPAフィルターを装着した吸引機を使用している。

　粉体工場では清掃時に圧縮空気（エアーガン）を使用することが多いが、使用する場合は周囲への飛散防止対策を整えることが必要である。そして最後に、微細な残渣物を除去するため、アルコールによる清拭をおこなう。アルコールは揮発し速やかに乾燥するため、製造機械や製品に対して影響が少ない。

　清拭を実施しても粉体を取り除くことが難しい場合は、専用化を検討しなければならない。ある粉体工場では、吸引と清拭による品目切り替えは困難と判断し、特定原材料を混合する工程以降を専用化することで混入を防止している。ただし、専用化した場合であっても、製造機械は年に1回程度は完全に分解し、洗浄を実施して機械内部の粉体の蓄積を防止するのが望ましい。**図2.6**に基本の清拭工程を示す。

③ 製造環境の清拭方法

　製造環境からの食物アレルゲンの混入の可能性は比較的低い。ただし、高所からの食物アレルゲンを含む塵埃の落下などによる突発的な混入の可能性が否定できない。落下による混入の可能性がある製造機械付近は、吸引機や清拭による除去を適切な頻

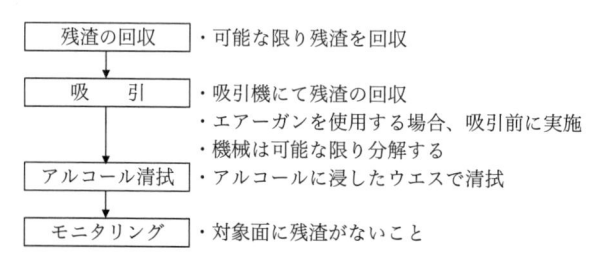

```
┌─────────────┐
│  残渣の回収  │ ・可能な限り残渣を回収
└──────┬──────┘
       ↓
┌─────────────┐
│   吸　引    │ ・吸引機にて残渣の回収
└──────┬──────┘ ・エアーガンを使用する場合、吸引前に実施
       │        ・機械は可能な限り分解する
       ↓
┌─────────────┐
│ アルコール清拭 │ ・アルコールに浸したウエスで清拭
└──────┬──────┘
       ↓
┌─────────────┐
│ モニタリング │ ・対象面に残渣がないこと
└─────────────┘
```

図2.6 食物アレルゲン除去のための清拭基本工程（C&S原図）

度で実施する必要がある。天井や壁面はアルカリ洗剤を含ませた清掃用具で清拭後、洗剤除去のために水で清拭する。ただ、高所は従業員では対応できない場合が多いので、専門業者への委託も検討する。

④ 洗浄のバリデーション（クリーニングバリデーション）

　食物アレルゲンの除去洗浄の目的は、食物アレルゲンを含むタンパク質を除去することである。このため、洗浄の実施後は食物アレルゲン（タンパク質）が残留していないことを科学的に確認し、記録を残さねばならない。洗浄のバリデーションの実施計画例を**図2.7**に示す。

　洗浄のバリデーションに必要なデータは、洗浄後に生産した製品中の特定原材料の検出データと、洗浄後のモニタリングポイントにおけるタンパク質、または特定原材料の検出データである。このとき、洗浄後に特定原材料が検出限界以下（数ppm以下）であることと、洗浄後のモニタリングポイントにおいてタンパク質、または特定原材料が検出限界以下であることの2点が洗浄の品質保証となる。前者は、特定原材料を含む製品を製造後に、その製品を公定法にて試験し、特定原材料が検出されることを確認する。次に洗浄をおこない、その後に特定原材料を含まない製品を製造する。これを公定法にしたがって試験し、特定原材料が検出限界以下であることを確認する。後者は工程間調査により実施する。判定はタンパク質の測定キットやイムノクロマト法を用いる。調査は、通常の機械であれば洗浄工程ごとに残渣などが残りやすい場所を拭き取る。サニタリー配管であればすすぎ水を洗浄工程ごとに採取する。そして、どの工程でタンパク質が確実に除去されたかを確認し、その洗浄工程をCP（コントロールポイント）とする。例えば、CPがすすぎ工程であれば水温とすすぎ時間、

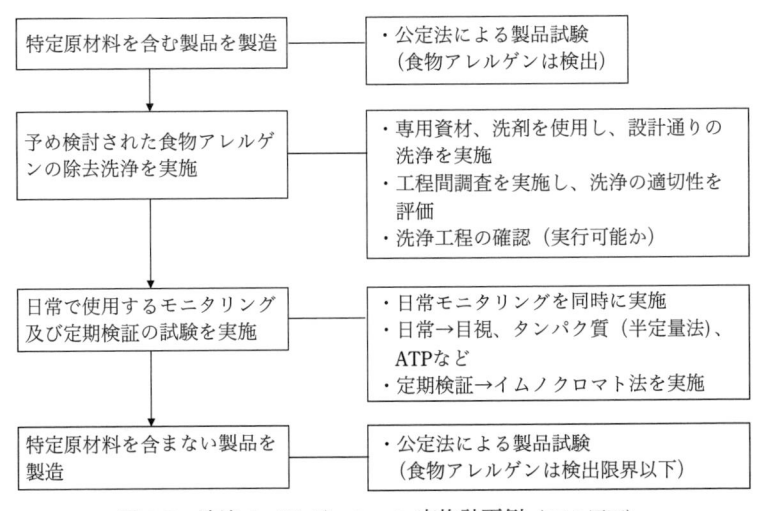

図2.7　洗浄のバリデーション実施計画例（C&S原図）

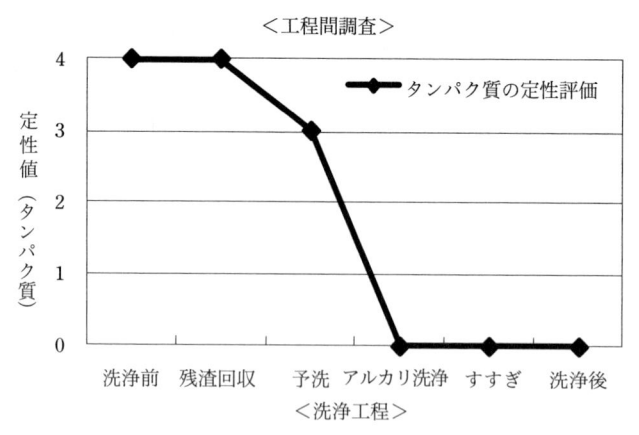

図 2.8　食物アレルゲン洗浄工程間の調査結果

アルカリ洗剤であれば洗剤濃度、接触時間などの数値化により管理することが望ましい。混合ミキサーにおける工程間の調査結果を**図 2.8**に示す。

この調査では、アルカリ洗浄後にタンパク質が検出限界以下になったことが証明された。よって、アルカリ洗浄条件を洗浄工程における CP とし、アルカリ洗剤濃度、接触時間（濃度3%、接触時間15分間）を記録することで、洗浄が確実におこなわれたかを確認することができる。ここで注意すべき点は、残渣回収と予備洗浄を怠るとアルカリ洗浄に負担がかかり、タンパク質が洗浄後に残留する可能性があることである。

日常のモニタリング方法についても、バリデーション実施時に検討する。できるだけ、その場で結果が得られる方法を選ぶことが必要である。

2) 衛生標準作業手順書（SSOP：Sanitation Standard Operation Procedure）

洗浄は誰が実施しても一定の品質を保たなければならない。特に食物アレルゲンの除去洗浄は、洗浄方法と品質を一定にしないと食物アレルゲンを含むタンパク質が残留する可能性がある。そのためには洗浄方法を確立し、手順を文書化した作業手順書が必要となる。

① 目的と適用範囲

食物アレルゲンの除去洗浄は通常の洗浄と全く異なる。そのため、食物アレルゲンの除去洗浄はその目的を明確にして適用範囲を定める必要がある。微生物管理を目的とする洗浄の場合、原材料処理工程と充填工程では洗浄品質の管理基準が異なる場合がある。通常、充填工程は二次汚染があると製品品質に影響するため、原材料処理工程より管理基準を厳しくする。しかし、食物アレルゲンの場合は原材料処理工程であろうと充填工程であろうと混入が許されるものではなく、全ラインで同じ品質を維持しなければならない。この理由をしっかり認識させる上でも、目的と適用範囲を明確

にする。

② 管理運営組織

洗浄品質担当の責任者を任命して管理運営組織を確立する。そして、問題発生時などに迅速に対応できるようにする。

③ 対象機械

食物アレルゲンの除去のための洗浄が必要な製造機械のすべてをリストアップし、どの機械を洗浄するのかを明確にする。製造機械の構造図なども図示する。

食物アレルゲン洗浄　現場マニュアル
混合ミキサー

	SSOP No.
	発行日
	改訂日
	版
	管理部門

1. 使用洗剤と使用資機材

洗剤・殺菌剤名	目的	管理基準	注意点	使用資機材
アルカリ洗剤（苛性）	食物アレルゲンを含むタンパク質の除去	・アルカリ洗剤（5%）希釈 ・温水40℃設定 ・ATP100RLU以下	・他の洗剤と混合しない ・手袋、前掛け、保護眼鏡着用 ・濃度を遵守 ・コントロールポイントに注意	専用赤ブラシ 発泡洗浄機 希釈用バケツ ATP測定キット

2. 洗浄方法

① 電源のOFFを確認
② 残渣を可能な限り取り除く
③ 40℃の温水で予洗を行う
④ アルカリ洗剤（5%）を発泡洗浄機にて機械全体に噴霧する
⑤ 15分間放置（チェックポイント-1）
⑥ 専用ブラシにて、攪拌機（コントロールポイント）を徹底してブラッシングを行う（チェックポイント-2）
⑦ 40℃の温水で洗浄成分を洗い流す。
⑧ ATP測定を行う（チェックポイント-3　100RLU以下を確認する）

3. 食物アレルゲン洗浄におけるコントロールポイント

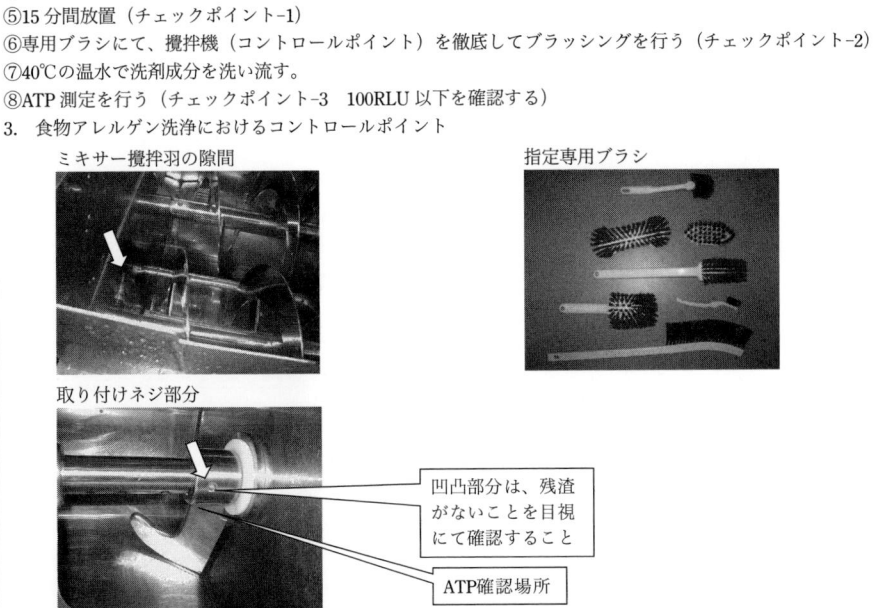

ミキサー攪拌羽の隙間

指定専用ブラシ

取り付けネジ部分

凹凸部分は、残渣がないことを目視にて確認すること

ATP確認場所

図 2.9　現場マニュアル（C&S原図）

④ 洗浄実施のための作業手順書

　洗浄品質担当者は、食物アレルゲンの除去洗浄の実施方法を詳細に示した作業手順書を作成する。この作業手順書には、詳細な洗浄手順と、洗浄に使用する機械名（高圧洗浄機、スチーム洗浄機など）、実施に必要な時間・頻度・人数、使用洗剤名と性質（アルカリ性など）、使用資材（ブラシなど）を表記する。

⑤ 現場マニュアル

　現場マニュアルは洗浄実施のための作業手順書の抜粋文書であり、現場で使用しやすいように写真や絵図などを入れ理解しやすく示したものである。誰が見ても確実に洗浄作業が実施できるよう工夫することが必要である。例えば、洗剤は使用濃度を間違えると、洗剤成分の残留やタンパク質の除去不十分などのリスクにつながる可能性があるため、希釈方法や接触時間をわかりやすく示す。また洗剤の性質についても解説し、取り扱い方法を誤ると人体に対する影響があることなども明記する。

　製造機械の分解方法や組み立ての手順も示す必要がある。食物アレルゲンの除去洗浄においては、除去しなければならない食物残渣が機械の隙間や凹凸部分に残留しやすいため、その部分の具体例を図や写真で示す。例えばコンベア内部や混合ミキサーの凹凸部分、充填機の充填ノズルなどである。サニタリー配管であれば、計測装置の取り付け部分やチーズ配管（T字配管）先端などに残渣が残りやすい。**図2.9**に現場マニュアルの一例を示した。

⑥ モニタリング

　モニタリングは、食物アレルゲンの除去洗浄が確実に実施されたことを確認するための方法である。モニタリングには、その場ですぐに確認できる方法、例えば目視確認、ATP、タンパク質の測定キットなどが適している。また、モニタリングには、目

表2.8　食物アレルゲンの除去洗浄のモニタリング結果表の例（C&S原図）

区分	No.	コントロールポイント	目視確認	タンパク質チェック				
				基準	再洗浄⇒			
				1	2	3	4
フリーザー	1	コンベアチェーン入口	○	○			
	2	コンベアチェーン中	○	○			
	3	コンベアチェーン出口	○	○			
	4	コンベアステー	○	○			
	5	天井配管表面	○	○			
	6	底面	○	○			

的、基準値、方法、記録表、および基準逸脱時の対処方法も明記しなければならない。**表2.8**にモニタリング結果表の例を示した。

製造環境の場合、清拭後のモニタリングは目視確認で「粉体などの蓄積がないこと」を確認し、記録する。

⑦ 検証

検証は、モニタリングと異なる方法で設定する。食物アレルゲンであれば、モニタリングでATPを使用している場合、検証では簡易キットのイムノクロマト法や製品の公定法による試験を採用する。検証は、年に数回程度、実施するよう設定する。

⑧ 衛生標準作業手順書の修正

衛生標準作業手順書の修正は、洗浄方法の問題で製品に食物アレルゲンの混入が発生した場合や、異常が確認された場合など、管理組織が修正を必要と判断した場合におこなう。衛生標準作業手順書を修正した場合は、修正した日付やその理由も明記し、修正後のプログラムが円滑に動くかどうか、また問題点が解決されたかの確認を実施する。

3) 定期管理（TDWM）

以上の洗浄作業は、限られた時間内で製品の品目切り替え時に実施する洗浄である。しかし、日常の品目切り替え時の洗浄のみでは汚れが周囲や内部に蓄積する可能性がある。筆者らは日常管理と定期管理を包括するTDWMシステムを提唱している。TはTimely（タイムリー）を意味し、生産中に漏れや落下により周囲が汚れた場合などにおこなう簡単な作業である。DはDaily（デイリー）を意味し、最も激しく汚染する場所に対して日単位で実施する作業を指し、切り替え時の洗浄がこれに当たる。WはWeekly（ウィークリー）を指し、日常で実施できない場所に対して週単位でおこなう作業、そし

表2.9 食物アレルゲンコントロールのためのTDWM(Y)計画例（C&S原図）

管理区分	対象	実施頻度	洗浄手順	備考
日常管理（D）	製造機械	切替時毎	①分解 ②アルカリ洗剤 ③すすぎ	・タンパク質定性キット使用
定期管理（W）	環境（製造機械上部）	週1回	①吸引機にて堆積汚れ除去	
定期管理（M）	製造機械	月1回	①撹拌羽、配管など、指定場所の分解 ②アルカリ洗剤（水酸化ナトリウム）噴霧と擦り洗い ③すすぎ	・タンパク質定性キット使用
定期管理（M）	製造機械	6カ月/1回	①撹拌羽、配管など、すべて分解 ②アルカリ洗剤（水酸化ナトリウム）噴霧と擦り洗い ③スチーム洗浄機にてすすぎ	・イムノクロマト法にて試験
専用管理（Y）	製造環境	年1回	①機械養生 ②吸引清掃 ③アルカリ洗剤による清拭 ④水にて清掃	

てMはMonthly（マンスリー）を指し、衛生状態の回復のために実施する作業で専門性が高い。食物アレルゲンコントロールのTDWM計画例を**表2.9**に示す。食物アレルゲンコントロールは、製造機械や製造環境などの汚染に直結する場所に、残渣が堆積しない仕組みを構築することにより可能となる。

(5) 動線管理（食物アレルゲンマップ）

食物アレルゲンマップは、製造工場において、どの工程、どの製造ラインから食物アレルゲンが関係するかを示した施設の図面である。この図面を作成することにより、従業員も問題となる場所を理解しやすい。図面以外に、製造工程一覧図にも食物アレルゲンを含む原材料を投入する工程を図示しておくとよい。カナダの食品工場では製造室に表示を行い、従業員にも区別ができるように配慮している。

(6) 従業員の教育、訓練

教育は食物アレルゲンコントロールを理解するためには非常に重要である。なぜなら製造ラインを管理するのは機械ではなく、人だからである。人には定期的に繰り返し、目的を明確にした教育を実施するしか資質を上げる術はない。特に新人の教育には、食物アレルゲン管理の説明を必ず加えなければならない。注意しなければならないのは、臨時スタッフ、季節労働者、パートタイマーなどの、1日だけ働きにくる作業員に対しても必ず食物アレルゲンの内容を理解させなければならないことである。なぜなら、このような作業員が重大なミスを起こすことが多いからである。

教育内容は、①食物アレルギー表示制度の概要、②食物アレルギーの発症について、③食品工場における食物アレルゲンコントロール方法について、④洗浄と清掃方法などを定期的に実施する。この中で、④洗浄と清掃方法は座学のみではなく、実際の洗浄方法を指導する訓練を取り入れる必要がある。洗剤の使用方法、性質、そして製造機械の残渣が残りやすい場所の説明などをおこない、知識面と実技面ともに理解させる。また、顧客担当者や営業担当者に対しても教育を実施する。消費者から直接問い合わせがあるのはこれらの部署が多いからである。教育を実施することで、問題発生時などに速やかな対応が可能となる。

(7) 食物アレルゲン監査

監査は、食物アレルゲンコントロールプログラムが有効かつ適切に維持管理されているかを客観的に評価するために実施する。

監査内容は大きく分けて2つある。文書や記録の確認と、実際の製造現場に入り生産活動を確認することである。筆者らは特に製造現場の監査を重視しており、この中で必ず洗浄作業について開始から終了まで詳細に確認している。これは、切り替え洗浄により食物アレルゲンを除去する場合が多く、この洗浄が適切に実施されているかが混入防止のポイ

ントになると考えているからである。

　監査は教育の1つとして考えるべきである。工場全体のレベルアップを図るためには、指摘だけではなく、指摘された内容を教育に落とし込み、従業員に伝えることが重要である。専門知識を現場に還元することで、はじめてレベルアップにつながるのである。また、監査は継続して実施しなければならない。1回だけ実施し、長期間おこなわないと管理意識も薄れてしまう。前述した「従業員の教育・訓練」と連動することが必要である。また、原材料の供給業者に対する監査も同様に実施することが望ましい。

　平成22年10月15日の薬食案発1015第2号、薬食審査発1015第13号、厚生労働省医薬食品局医薬部外品安全対策課長付で、医薬部外品および化粧品に含まれるコムギ末を使用することによる顔のかゆみや、小麦含有食品を摂取することによる「食物依存性運動誘発アナフィラキシー」の発生が報告された。これを受け、加水分解コムギ末を含む製品に対して注意喚起をおこなうことが通知された。食物アレルギーは今後の研究・調査によっては、食品以外の分野に関しても対応が必要になるものと考えられる。

　食品工場に対し求められるものは、製品の安全・安心の確保である。また、消費者は正しい製品情報を求めている。これを担保するために食物アレルゲンコントロールプログラムを運用し、安心と安全を提供し続けなければならない。

　最後に、多くの助言や写真をご提供いただいた（株）永谷園 品質保証部 品質保証室長 増田尚弘氏に深謝いたします。

参 考 文 献

1) 消費者庁ホームページ、アレルギー表示違反事例　http://www.caa.go.jp/foods/index8.html
2) 消費者庁：平成22年3月改訂、アレルギー物質を含む加工食品の表示ハンドブック、p.2
3) 消費者庁ホームページ　http://www.caa.go.jp/foods/index8.html
4) 厚生労働省ホームページ　http://www.mhlw.go.jp/topics/bukyoku/iyaku/syoku-anzen/qa/index.html
5) 消費者庁：アレルギー表示に関する通知、厚生労働省医薬食品局食品安全部基準審査課、アレルギー物質を含む食品に関する表示Q&A、p.6　http://www.caa.go.jp/foods/index8.html
6) 消費者庁：アレルギー表示に関する通知、厚生労働省医薬食品局食品安全部基準審査課、アレルギー物質を含む食品に関する表示Q&A、p.7　http://www.caa.go.jp/foods/index8.html
7) GFTC：2005年 アレルゲン予防プランより引用
8) 厚生省生活衛生局乳肉衛生課：HACCP：衛生管理計画の作成と実践、一般的衛生管理プログラム、34-35、中央法規、1997年5月1日
9) 消費者庁：アレルギー表示に関する通知、厚生労働省医薬食品局食品安全部基準審査課、アレルギー物質を含む食品に関する表示Q&A、p.10　http://www.caa.go.jp/foods/index8.html
10) 食企発第2号、食監発第46号、厚生労働省医薬局食品保健部 企画課長 監視安全課長通知、平成13年3月21日の第5その他の留意事項

11) 津田訓範（他）：食品工場の食物アレルゲンコントロールについて、月間HACCP、Vol.10 No.110、53-61、鶏卵肉情報センター (2004)
12) 津田訓範（他）：食物アレルゲンコントロールプログラム、食品工場長、No.164、18-21、日本食料新聞社 (2010)

＊ 商標登録：アレルゲンコントロール®　シーアンドエス株式会社　第5096057　平成19年12月7日

（津田　訓範・谷　壽一）

第 3 章　食品工場における微生物管理の要点

　食品衛生とは、飲食による健康障害を未然に防止して食品の安全を確保し、食生活による健康の維持および増進を図ることを目的としている。世界保健機構（WHO：World Health Organization）において、食品衛生（Food Hygiene）とは「食品の生育から生産、製造工程を経て最終消費者に摂取されるまでのすべての段階において、その安全性、有益性および健全性を確保するために必要な、すべての手段を意味する」と定義されている。この定義からも明らかなように、単に食品の取り扱い上のことだけではなく、農畜産物生産の場から食卓に至るまで（from Farm to Table）のすべての過程で衛生的に扱うことを示している。また、食品製造において、HACCP を導入する上での危害（ハザード）とは、「健康に悪影響をもたらす可能性のある化学的、微生物学的および物理的な物質・要因、または食品の状態」と定義される。

　本項では、弊社雪印乳業の品質保証システム（SQS）の概要と、それに基づいた食品製造における原材料の品質管理や、微生物を標的とした食品製造工程の危害分析・検証の事例および従業員の教育・研修について紹介する。

3.1　雪印乳業品質保証システム（SQS）

　雪印乳業品質保証システム（SQS：Snow Brand Quality Assurance System）は、2003 年 4 月

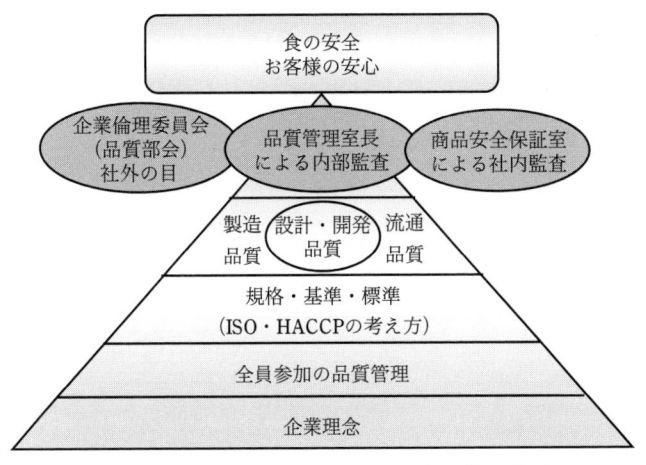

図 3.1　雪印乳業品質保証システム（SQS）の概念図

から開始した弊社独自のシステムである。その概念を**図3.1**に示した[1]。

① 経営トップの強い決意とリーダーシップにより、全役員・社員で品質保証に取り組む。
② 365日、お客様センターに寄せられる「お客様の声」に耳を傾け、商品の開発・改良や製造工程の改善に反映する。
③ 「ISO 9001」と「HACCP」の考え方を取り入れた仕組みに基づき、品質確保および品質向上に取り組む。
④ 品質保証教育を徹底し、社員全員で品質を担う風土を醸成する。
⑤ 3方向（社外の監査、社内監査、内部監査）によるチェックと検証により監査体制を強化する。

　SQSでは、品質は生産部門のみの課題だけではなく、開発、生産、販売および管理などに携わる全従業員が品質保証を推進するべきであることを明確にしている。その管理については、商品設計・開発や流通といった製造部門以外においても、ISO 9001とHACCPの考え方を取り入れ、規格・基準・標準類も整備している。また、監査によるチェック内容を見直し、「決めたことを決めたとおりに実行する」ことが正しく行われているのか、「決めたことは正しいのか」などを3方向からの品質監査でチェックしている。その結果として、「食の安全」を保証し、「お客様に安心」して食べていただける商品をお届けすることを目標としている。

3.2　原材料の品質管理

　食品の製造において、安全な食品を消費者に提供するには、製造工程での衛生管理はもちろんのこと、原材料の安全性確認が最も重要となる。使用する原材料は、主要原材料となるものから微量な食品添加物や香料まで多種多様である。また、原産国の衛生管理状態や製造業者の品質管理レベルの違いによりそれぞれ異なっており、不具合のある原材料が納入される可能性が危惧される。HACCPによる管理運営化においても、原材料の不具合の内容によっては、危害や品質上の問題が工程で除去されることなく、最終製品に移行する可能性が否定できない。特に、危害の原因となる化学物質の種類は多く、原材料の生産段階から輸送、加工、包装および配送を経て食卓に届くまで、さまざまな場面で汚染される可能性がある。化学物質による汚染では、微生物汚染における加熱殺菌や異物混入における遠心分離やフィルター分離くらいしか、その危害を取り除く有効な方法がない。すなわち、化学物質が原材料や食品に混入した場合、それを取り除くことができないか、あるいは非常に困難であることを認識すべきである。このようなことから、食品関連業者は農

畜産物生産の段階から食卓に至るまで、混入する可能性のある化学物質と汚染時の危害をよく理解し、それを回避するための管理方法を構築しておくことが重要となる。以下に、化学物質による汚染が危惧される例を示した。

① 農産物において、農家が使用した農薬等の残留
② 水産物において、養殖業者が使用した消毒薬や抗生物質の残留
③ 乳牛、肉牛、鶏などの飼料に混入していた農薬等や有害物質の残留、および治療に使用した動物用医薬品の乳や食肉への移行
④ 劣悪（例えば高温多湿）な条件下で保管した穀物におけるカビ毒の発生
⑤ 食品に接触する容器・包材からの化学物質の溶出
⑥ 意図的な混入（メラミン、メタミドホスなど）

原材料や製品を輸入して使用する際には、上記①～⑥のすべてにおいて高いリスクを負う可能性があることを認識して管理することが重要である。輸入の際には、現地での化学物質の管理や使用状況に関する情報を収集し、モニタリング検査や現地指導を通して汚染を回避しなくてはならない。

従って、原材料の品質を確保するためには、管理方法や管理基準および検査体制を具体的に文書化しておくことが重要である。例えば、弊社では社内または製造委託先にて製造・販売する製品に使用する原材料、食品添加物および容器包装材料について、あるべき品質水準と品質管理方法などを「原材料の品質管理要領」に定めて、最終製品の品質と安全性を保証している。

3.2.1 原材料の安全性確認

1) 新規原材料

原材料を新規に購入する場合には、当該原材料が規格書に適合していることを証明する検査成績書を納入業者から入手する。また、安全性にかかわる検査基準項目（微生物規格および安全規格）への適合は、公的検査機関（ISO/IEC 17025認証試験所）または同等の検査機関の試験成績証明書で確認するか、社内検査部門での検査結果をもって確認する。

2) 購入前確認検査

新規原材料の安全性が確認され、購入が決定したものについては、社内検査部門にて購入前確認検査を実施する。その検査としては、官能検査や成分などの理化学検査、および微生物検査などがある。

3) 製造工場における受け入れ時および使用前検査

原材料の受け入れに際しては、購入先の検査成績書および購入前確認検査で確認する。使用に際しては、ロットナンバーや保証期限内にあることを確認し記録するとともに、外

観や異物および風味検査を実施する。

4) 安全性にかかわる定期確認検査

継続購入している原材料については原則1年に1回、購入先に対して当該原料が規格書の安全性にかかわる基準（微生物規格および安全規格）に適合していることを証明する試験成績書、および農薬等ポジティブリストに関する分析データの提出を求める。入手が困難な場合には、社内検査部門で確認検査を行う。なお、検査に異常があった場合には、直ちに関係部署に連絡して安全性を確保するための方策を講じる。

3.2.2 原材料の管理方法および管理基準

原材料の購入において、特に留意すべき点としては、例えば遺伝子組換え食品やアレルギー特定原材料、および容器包装材料の管理方法を明記しておくことが望ましい。また、管理基準については検査項目と数値基準を明記し、さらに、一般安全基準（**表3.1**）と原材料の種類ごとの個別基準（**表3.2**）を設定することにより採用（購入）の判断がしやすくなる。また、乳製品製造の原料となる原料乳については**表3.3**に示したように、受け入れ時にタンクローリーごとに検査している。

このように、原材料の品質管理は、商品全体の安全性確保のためにも極めて重要な課題である。そのためには、上述したように原材料の品質管理方法や、その品質水準を具体的に数値化し、製造業者と納入業者がともに遵守することが必須となる。また、品質管理活動の中で継続的に見直していくことも重要となる。

表3.1 一般安全基準の例

検査項目	基準値	基準の種類	備考
大腸菌群（大腸菌）	陰性	乳等省令	
黄色ブドウ球菌 ヒ素 重金属	陰性 設定値あり 設定値あり	自主基準	
鉛	設定値あり		Codex基準値（乳 0.02mg/kg）
PCB	設定値あり	暫定基準	環食第422号 昭和47年8月24日
残留農薬	食品の規格基準値に準ずる	食品衛生法	一斉分析で確認できる項目
動物用医薬品 飼料添加物			測定可能な項目に限定
放射能 アフラトキシン M1 酸化防止剤 エンテロトキシン	設定値あり 設定値あり 設定値あり 設定値あり	自主基準	特定地域に限定 原料乳に換算 BHA、BHT

表 3.2 個別基準の例（乳製品）

検査項目	基準値	基準の種類	検査頻度
水分 脂肪 たんぱく質 灰分 pH 不溶解度 セジメント	契約時に基準値設定あり		使用前及びロット毎に検査
細菌数	設定値あり	自主基準	
大腸菌群	陰性	乳等省令	
黄色ブドウ球菌 真菌 サルモネラ 好気性芽胞菌 高温菌 リステリア	陰性 設定値あり 陰性 設定値あり 設定値あり 陰性	自主基準	
抗生物質	陰性	食品衛生法	
一般安全基準（確認項目に準ずる）			

表 3.3 個別基準の例（原料乳）

検査項目	基準値	基準の種類	検査頻度
風味 色沢 組織 外観 アルコールテスト	7点以上 7点以上 7点以上 7点以上 陰性	自主基準	タンクローリー毎
比重 酸度 総菌数 抗生物質	1.028〜1.034 0.18%以下 400万個/g 以下 0.005IU 以下	乳等省令	

3.3 食品製造工程における微生物学的な危害分析・検証

3.3.1 総合衛生管理製造過程承認制度

わが国では、1996年5月に食品衛生法の一部改正に伴い、新たに「総合衛生管理製造過程承認制度」が創設され、法制化された。この承認制度はHACCP（Hazard Analysis Critical Control Point：危害分析・重要管理点）の概念を取り入れた衛生管理手法であり、営業者による食品の安全性確保を目的とした自主管理を促す仕組みである。対象となる食品は、製造あるいは加工の方法に関する基準が設定された食品で、かつ厚生労働省が定めた乳・

乳製品、食肉製品、容器包装詰加圧加熱殺菌食品、魚肉練り製品および清涼飲料水である。HACCPでは、原料の受け入れから製造・加工・出荷までのすべての過程において、あらかじめ危害（HA）を予測し、その危害を防止（予防処置、除去・消滅、許容レベルまでの減少）するための重要管理点（CCP）を特定している。その管理点を連続的に監視・記録し、異常が認められたときには直ちに対策を取り解決することで、不良品の出荷を未然に防止できる。

　一方、乳・乳製品のほとんどは本制度の対象食品（牛乳、特別牛乳、殺菌山羊乳、部分脱脂乳、脱脂乳、加工乳およびクリーム、アイスクリーム類、無糖れん乳、無糖脱脂れん乳、はっ酵乳、乳酸菌飲料および乳飲料）となっているため、「製造基準」も決められている。しかし、チーズやバターおよびマーガリンなどでは「製造基準」が設定されていないので、「総合衛生管理製造過程」の対象外となっている。

　HACCPの導入に際して注意すべきこととして、「総合衛生管理製造過程」を取得した工場の取り組みを、他の類似製品を製造・加工している工場に、そのまま当てはめることをしてはならない。工場によっては製造品目や工程およびステップなどが大なり小なり異なるはずであり、それらのプロセスを省略すると本来のHACCPの考え方から逸脱することになるからである。このように、形式的なHACCPから脱却し、その製造工程に合致した危害分析・検証を行うことがHACCPの原則である。

　では、製造基準が定められていない製品の安全性をどのように設定するのかについて、「脱脂粉乳」の基準設定の例をあげて紹介する。

　2000年6月に発生した低脂肪乳などによる食中毒の原因は、原料に用いられていた脱脂粉乳が黄色ブドウ球菌エンテロトキシンに汚染していたことであった。この食中毒事件が発端となって、総合衛生管理製造過程承認制度の内容が見直されるとともに、「脱脂粉乳」の製造方法に基準が設定された。製造方法の基準設定に際しては、厚生労働科学研究プロジェクト（食品製造の高度衛生管理に関する研究）を立ち上げ、民間企業、大学および国立医薬品食品衛生研究所が参画し、黄色ブドウ球菌の基本特性や製造条件の調査、および黄色ブドウ球菌の接種試験によるリスク評価が実施された[2]。

　最初に、黄色ブドウ球菌の基本特性を調べることを目的として、ブレインハートインフュージョン培地（BHI broth）に一定量の黄色ブドウ球菌を接種し、5～48℃における増殖特性とエンテロトキシン産生量を温度勾配培養装置により試験した。その結果、**表3.4**に示したように、培養96時間までの試験において、10℃以下あるいは48℃以上での温度域ではエンテロトキシンを産生しないことが判明した。しかしながら、30～45℃の温度域では、培養後4時間目にエンテロトキシンの産生が認められた。以上の実験結果から、

表 3.4 各温度における黄色ブドウ球菌エンテロトキシン産生時間（BHI broth）

培養時間（h）	培養温度（℃）												
	5	8	10	14	16	20	23	26	30	33	36	40	45	48
0	−	−	−	−	−	−	−	−	−	−	−	−	−	−
2	−	−	−	−	−	−	−	−	−	−	−	−	−	−
4	−	−	−	−	−	−	−	−	+	+	+	+	+	−
6	−	−	−	−	−	−	−	−	+	+	+	+	+	−
8	−	−	−	−	−	−	−	+	+	+	+	+	+	−
10	−	−	−	−	−	−	+	+	+	+	+	+	+	−
12	−	−	−	−	−	+	+	+	+	+	+	+	+	−
24	−	−	−	−	+	+	+	+	+	+	+	+	+	−
48	−	−	−	+	+	+	+	+	+	+	+	+	+	−
72	−	−	−	+	+	+	+	+	+	+	+	+	+	−
96	−	−	−	+	+	+	+	+	+	+	+	+	+	−

＋：エンテロトキシン陽性、−：エンテロトキシン陰性

　黄色ブドウ球菌エンテロトキシンの危害を防止するための安全な温度域は、10℃以下または48℃以上であり、また、危害に注意すべき温度域は10℃以上48℃以下の温度帯であることが明らかとなった。

　次に、原料乳（未殺菌乳）や乳固形濃度の異なる濃縮乳に黄色ブドウ球菌を接種し、一般的な脱脂粉乳の製造条件を参考にして、それぞれの温度と時間における黄色ブドウ球菌の増殖とエンテロトキシン産生の関係を調べた。これらの実験結果を基にして、以下のような製造基準が定められた。「加熱殺菌後から乾燥を行うまでの工程において原料を摂氏十度以下又は摂氏四十八度を超える温度に保たなければならない。ただし、当該工程において用いるすべての機械の構造が外部からの微生物による汚染を防止するものである場合又は原料の温度が摂氏十度を超え、かつ、摂氏四十八度以下の状態の時間が六時間未満である場合にあっては、この限りでない」（厚生労働省通知、2004年4月から施行）。この事例は、CCPの設定を形式的に決めるのではなく、黄色ブドウ球菌をハザードとして、バリデーション（科学的証明：検証の一要素）を行って決めていくということであり、これがHACCPの基本的な考え方なのである。

3.3.2　脱脂粉乳製造工程における危害分析・検証の実例紹介

　弊社では、脱脂粉乳の製造基準が設定される数年前より、独自に製造工程の危害分析・検証を行っていたので、その手順（方法）を紹介する。検証試験としては、以下のような調査を実施している。なお、乳・乳製品以外の食品についても応用できるので、参考にするとよい。

【検証試験の例】
① 原料乳の微生物汚染実態調査

② 原料乳の繰越日数の検証
③ 脱脂粉乳製造工程の微生物汚染実態調査
④ 分離機連続運転における危害微生物の検証
⑤ ライン滞留乳における微生物の増殖に関する調査
⑥ 製造環境における空中浮遊菌の調査およびラインの拭き取り検査
⑦ 製造用水の微生物調査

本項では①〜④までの危害分析・検証例を紹介する。

① 原料乳の微生物汚染実態調査

　乳・乳製品の製造において、原料となる生乳は各農家で搾乳された個乳がクーラーステーションに集められ、その後、タンクローリー車にて各工場に配乳される。また、乳製品製造工場に搬入される生乳については、乳等省令にて細菌数が400万個/ml 以下と規定されている。実際に、北海道酪農検定検査協会の調査によると、2009年度では生菌数14,000個/ml 以下の生乳が98.8％にも達しており、搾乳の衛生管理と生乳の低温管理が極めて良好に行われている。

　一方、乳・乳製品の原料となる生乳からは、高頻度に黄色ブドウ球菌が検出されることがすでに知られていることから、北海道の乳製品製造工場で受け入れた生乳について、黄色ブドウ球菌をはじめ、生菌数、リステリア（*Listeria monocytogenes*）およびサルモネラの検出率と菌数を調べた。生乳の検査は冬季（2005年10〜12月）と夏季（2006年6〜8月）に分け、合計183検体を試料とした[3]。

　その結果、183検体すべての生乳から黄色ブドウ球菌が検出された（**表3.5**）。また、その菌数を調べたところ、183件体中96検体（52.6％）が100 cfu/ml 以下であり、最大値は7,615 cfu/ml、平均値は 3.0×10^2 cfu/ml であった。

　生菌数は平均 5.5×10^3 cfu/ml であり、また、サルモネラはまったく検出されなかった。海外においては、乳・乳製品を原因としたサルモネラ食中毒が散発していることが報告されているので、生乳からサルモネラが検出されなかったことは特記すべきことである。これに対して、リステリアの検出率は約11.5％であった。この検出率は、

表3.5　国内生乳における各種細菌の検出率および菌数

菌　種	検体数	陽性数	検出率（％）	菌数（cfu/ml）
生菌数	183	183	100	5.5×10^3
黄色ブドウ球菌	183	183	100	3.0×10^2
リステリア	183	21	11.5	−
サルモネラ	183	0	0	−

2004～2006年に調査した厚生労働科学研究報告と同様の結果（検出率：約10％）であり、我が国の生乳の約10％はリステリアに汚染しているものと判断された。

以上の調査結果より、農場での搾乳から工場に運び込まれるまでの間の衛生管理が確保されているものと判断される。しかしながら、黄色ブドウ球菌やリステリアなどの食中毒菌も含まれていることから、生乳の受け入れ後は、速やかに5℃以下に冷却するとともに、殺菌処理を迅速に行うことが危害を防止する上で重要となる。

② 原料乳の繰越し日数の検証

原料乳では、上記①項で述べたように、常態として約 10^3～10^4 cfu/ml の生菌数に汚染されている。そこで、生乳を工場で受け入れてからの繰越日数を検証するために、貯乳温度および初発菌数の違いによる影響を試験した。

図 3.2 には、初発菌数が 10^4 cfu/ml の原料乳をそれぞれ5℃、8℃および10℃に保管した時の生菌数の変化を示した（試験4回の平均値）。5℃保管では4日目においても1オーダー以内の生菌数増加にとどまったが、8℃では保管2日目に1オーダーの増加が認められ、10℃保管では1日目で約1オーダーの増加が確認された。

次に、保管温度を5℃とし、初発菌数がそれぞれ 10^4 cfu/ml、10^5 cfu/ml および 10^6

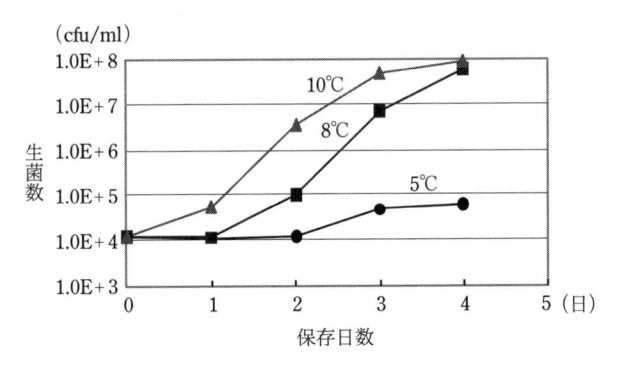

図 3.2 原料乳の繰越し日数の検証
保管温度の影響（初発菌数：10^4 cfu/ml）

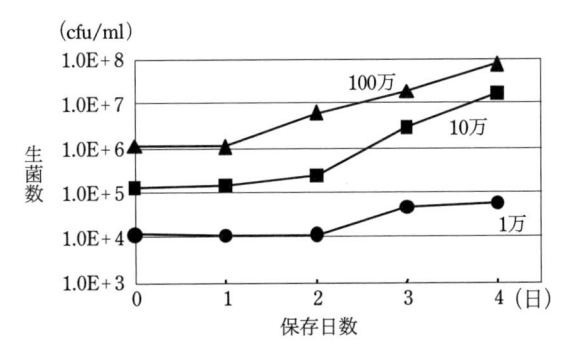

図 3.3 原料乳の繰越し日数の検証
初発菌数の影響（保存温度：5℃）

cfu/mlの原料乳を保管した結果、10^5 cfu/mlおよび10^6 cfu/mlの原料乳では保管2日目から菌数の増加が確認された（**図3.3**）。

通常、原料乳の保管温度は厳密に5℃以下で管理されているが、受け入れ乳の初発菌数の違いによるリスクも考慮して管理することが重要である。

③ 脱脂粉乳製造工程の微生物汚染実態調査

脱脂粉乳製造における工程の例を**図3.4**に示した。

調査対象となる微生物としては、HACCPの危害リストに指定されていない有害微生物や腐敗微生物についても選択した。また、製造工程における微生物検査のポイントは、各処理工程の前後にサンプリングすることである。例えば、生乳受け入れ時の細菌数をイニシャルとして、加温プレートや分離機および冷却プレートなどの、各工程を通過したのちの試料について細菌数を検査する。この前後の細菌数を比較することで、各処理工程における微生物学的危害の評価が可能となる。この検査を各工程の前後に行うことで、製造工程全体の微生物汚染のリスクを把握することができ、また検証データを蓄積することにより、どの処理工程にリスクが潜んでいるのかを事前に察知することも可能となる。

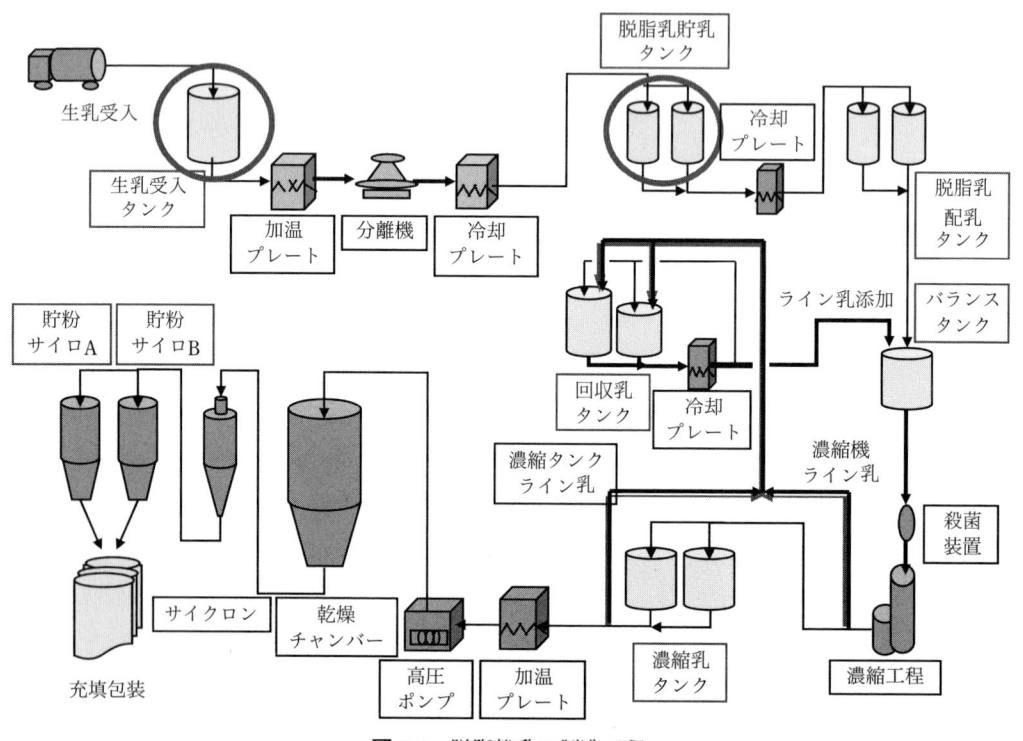

図3.4 脱脂粉乳の製造工程

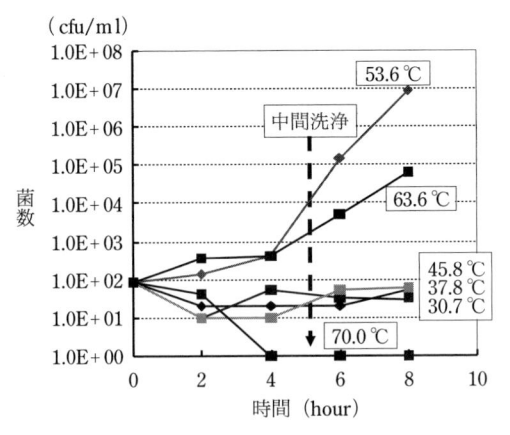

図3.5 分離機連続運転の検証
乳由来高温菌の増殖特性および洗浄のタイミング

④ 分離機連続運転における危害微生物の検証

　脱脂粉乳の製造において、分離機は原料乳からクリームと脱脂乳に分別する装置であり、原料乳を加温プレートなどで40℃以上に加温して連続的に分離が行われる。本工程でのリスクとしては、加温が連続的に行われることから、長時間運転により特に高温菌が増殖する可能性が示唆される。そこで、原料乳由来の高温菌を用いて、その特性を明らかにするとともに、その特性から、分離機の中間洗浄のタイミングを決めるための検証を行った。最初に原料乳から高温菌を分離し同定したところ、その多くは*Geobacillus stearothermophilus*であることが判明した。次に、本高温菌の温度特性を試験した結果（**図3.5**）、約30〜45℃の温度域および70℃では増殖が認められなかったが、約53℃と64℃では4時間以降に急激に増殖することが判明した。従って、50〜60℃の温度域で分離機を運転させる場合には、高温菌の増殖を抑えるために連続運転時間を4〜6時間以内とし、このタイミングで中間洗浄を行うことにより高温菌増殖のリスクを回避できるものと判断した。

　食品製造工場において、その環境や工程内には、その食品特有の細菌叢が形成され生息しているものと考えられている。従って、食品工場のハザードを管理するには、上述のような危害分析・検証試験が有効であると考えられるので、HACCPの基本に立ち返って、その製造工程に合致した微生物管理を行うことが重要となる。

3.3.3　危害分析・検証に基づく工程管理設定の手順

　弊社では、食中毒事件の教訓から、乳製品の製造において工程管理の妥当性を検証し、製品の安全性確保をさらに確実なものとするため、黄色ブドウ球菌をハザードとして、全

商品の製造工程を対象として、危害分析を行ったので紹介する。なお、危害微生物は取り扱う原材料（食品）によって異なるが、この手順（考え方）は、あらゆる食品製造にも応用できるものと考えている。

最初に、各種乳製品製造工程の危害評価表を作成した。「3.3.1　総合衛生管理製造過程承認制度」の項で述べた、厚生労働科学研究プロジェクトにおける黄色ブドウ球菌の基本特性から、製造工程内において乳や半製品および最終製品などが、10～48℃以内で加工処理される製造工程をピックアップし、処理時間や温度、および開放系か閉鎖系かなどを調査した。

粉乳類、ナチュラルチーズ、プロセスチーズおよび油脂製品など総計397の工程数を確認したところ、検証対象とすべき工程数は130であった。検証対象とした工程については、工程と同一条件の乳や半製品および製品を工場より取り寄せ、これに黄色ブドウ球菌を接種して、その生残性と増殖およびエンテロトキシン産生の有無を、実験にて確認した。そして、検証試験の結果をもとに、黄色ブドウ球菌の危害が予想された工程については、増殖を防止するための管理条件（温度と時間）を新たに設定した。

3.3.4　ナチュラルチーズ製造工程における危害分析・検証の実例

本項では、上述の手順を基にナチュラルチーズ製造工程を例とした危害分析・検証試験を紹介する[4]。

チーズの製造では、脱脂粉乳の製造と比較して製造方法が複雑で、製品の種類も多彩なため、一様に基準を定めることが困難である。国内におけるチーズ製造は殺菌乳の利用を前提としていることから、原料乳に由来する黄色ブドウ球菌汚染の可能性は低いものと考えられる。しかし、カード形成や熟成などの工程は、必ずしも密閉系で管理することができないのが実情である。このような工程は、黄色ブドウ球菌が比較的増殖しやすい温度帯にあり、また長い時間保持されることから、脱脂粉乳の製造と比較すると微生物による二次汚染の機会が多いといえる。

本調査では、国産ナチュラルチーズの製造工程を対象として、工程内の乳や半製品および最終製品が黄色ブドウ球菌に汚染された場合を想定し、毒素産生の可能性を調査した。

【ナチュラルチーズ】

図3.6にチーズ製造の概略図を示した。セミハード系ナチュラルチーズの主な製造工程は、①原料乳の脂肪調整と殺菌、②スターター乳酸菌と副原料（カルシウム塩など）の添加、③凝乳酵素（レンネット）の添加、④凝固したカードの切断、⑤ホエイ（乳清）の排除、⑥カードの収縮促進のための加温、⑦カードの型詰め、⑧圧搾、⑨

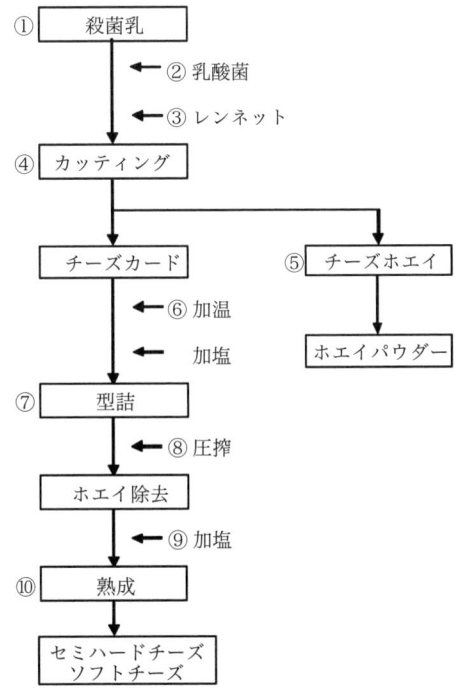

第3章 食品工場における微生物管理の要点

図3.6 チーズ製造の概略

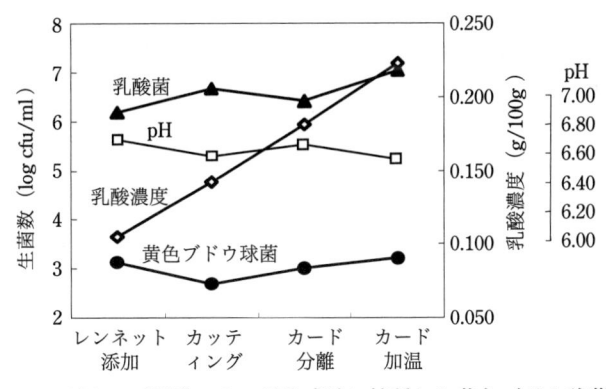

図3.7 ゴーダチーズ製造のカード生成時に接種した黄色ブドウ球菌の変化

加塩（直接加塩の場合は型詰め前に実施）、⑩熟成、からなる。これらのうち黄色ブドウ球菌が増殖する可能性のある10〜48℃の温度域にある工程として、乳からのカード形成工程（②〜⑥）とカードの圧搾工程（⑧）、および熟成後のチーズの加工工程で接種試験を実施した。

図3.7には、ゴーダチーズのカード形成、すなわちスターターの添加（図3.6-②）から加温（図3.6-⑥）までの工程における、乳酸菌と黄色ブドウ球菌の菌数変化、およびpHと乳酸量の変化を示した。乳中で乳酸菌が増殖し、乳酸が生成するとともに、凝乳酵素によって凝固が起こり、カードが形成される。これにかかる時間は2時間以

内である。乳酸菌数は、カード形成前後で 6.30（log CFU/ml）から 7.00（log CFU/ml）まで約 5 倍の増加が認められたが、乳酸菌の酸生成による pH の低下は緩やかで pH 6.7〜pH 6.6 程度と、ほとんど変化しなかった。カード形成前後で、黄色ブドウ球菌の菌数に変化は認められなかった。

続いて、圧搾工程（図 3.6-⑧）での接種試験を実施した。工場の圧搾機で結着させたカードを試料として黄色ブドウ球菌を接種し、異なる温度での菌数変化を調べた（図 3.8）。圧搾したカードを 20℃、25℃、30℃および 38℃にて 24 時間保持した結果、20〜30℃では黄色ブドウ球菌は増加せず、38℃では急速に減少した。

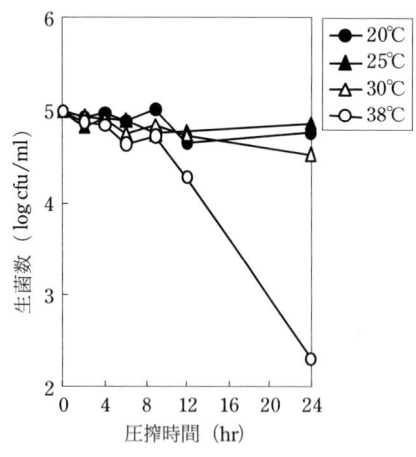

図 3.8 ゴーダチーズ製造のカード圧搾時に接種した黄色ブドウ球菌の変化

次に、熟成後のチーズをシュレッドチーズに加工する際の危害分析として、シュレッドチーズに黄色ブドウ球菌を接種し、20〜40℃に保持した場合の菌数変化を調べたところ、いずれの温度でも 24 時間までの菌数に大きな変化はなかった。

【チーズホエイ】

各種ナチュラルチーズのカード形成工程で分離されたチーズホエイ（図 3.6-⑤）は、まとめてホエイタンクに貯乳された後、噴霧乾燥によりホエイパウダーに加工される。タンク中のホエイは速やかに冷却されるが、チーズ製造は多くの場合、チーズタンク

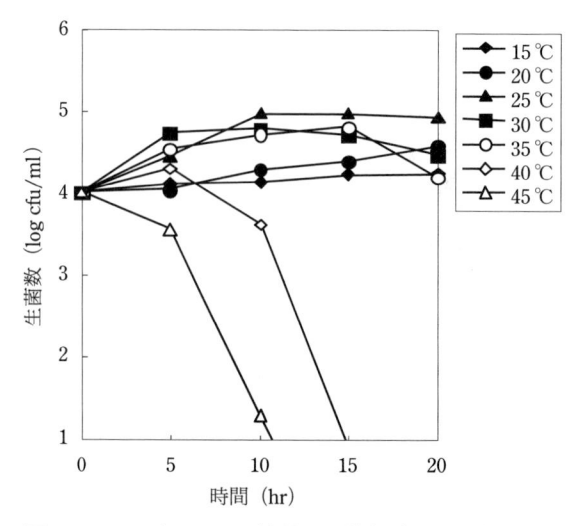

図 3.9 チーズホエイに接種した黄色ブドウ球菌の変化

から一時的に多量のホエイが発生して回収されることから、冷却までに時間を要する場合がある。そこで、カード形成後に排出されたチーズホエイについて、黄色ブドウ球菌の接種試験を実施した。

チーズホエイに黄色ブドウ球菌を接種して15～45℃での菌数変化を調べた結果（**図3.9**）、25～35℃の温度域では10時間目までに、わずかな菌数増加が認められたが、その後は増加しなかった。また、40℃および45℃では時間の経過とともに急激な菌数の減少が認められた。この菌の増殖抑制にはpHと酸が関与することが知られている[5]。

【プロセスチーズ】

プロセスチーズは、①原料チーズの粉砕、②加熱溶融（溶融塩添加）、③型詰め、④冷却、の各工程を経て製造される。工程数が少なく、原料チーズの溶融は80℃以上の温度で行われるため、黄色ブドウ球菌による二次汚染を受けた場合でも死滅するものと考えられる。しかし、容量が大きな製品や、工程上の冷却速度が緩やかな製品などでは、充填後の冷却に時間を要することから、製品への接種試験を実施した。その結果、25～45℃におけるプロセスチーズ中で黄色ブドウ球菌の菌数の増加は観察されなかった。

上述のように、各種国産チーズの製造工程において、黄色ブドウ球菌の増殖を制御することを目的として、同菌が増殖可能な温度域にある工程と同じ条件のチーズ製品、あるいは半製品において、黄色ブドウ球菌の接種試験を行った。その結果、黄色ブドウ球菌の増殖とエンテロトキシン産生のリスクが著しく高いと考えられる工程は認められなかった。ただし、エンテロトキシン産生には至らないものの緩やかな菌数増加が認められた工程もあったことから、原料乳を加熱殺菌した後の二次汚染を防止することが重要であることが示された。また、酸度測定によるスターター活力の管理、および各工程における温度と時間のモニタリングによる工程管理を確実に行って、チーズ製造中の酸生成を適正に保つことが、黄色ブドウ球菌の増殖とエンテロトキシン産生を抑制する上で極めて重要であると考えられた。

3.4 全従業員を対象とした教育・研修・訓練

弊社では、2000年に発生した食中毒事件の前から、工場より選出された社員を対象に、品質管理や衛生管理、および微生物管理などの研修に力を入れていた。しかし、事件の反省から、品質に関する教育・研修は生産系の従業員に限定せず、全従業員を対象とした教

育が必要であると考え、教育体系を抜本的に見直し、現在は以下の取り組みを継続的に行っている。

3.4.1 全従業員を対象とした教育

全社的な取り組みとしては、食品メーカーで働く者としての基本的な人材育成、つまり、「決まりを守る企業風土の醸成」、「過去のあやまちから学ぶことの重要性」などを基本方針として「品質保証 基礎テキスト：110ページ」を品質保証部門が中心となって作成した。構成は「食中毒事件の詳細」「食品衛生概論（化学的危害原因物質、微生物学的危害および物理学的危害）」「雪印乳業品質保証システム（SQS）の概要」および「食品衛生関連法規」からなる。このテキストは全役員をはじめ、全社員に配布しており、年1回、社長以下全役職員を対象に「品質保証基礎の理解度テスト」を実施している。この理解度テストは、基礎的な知識を習得（復習）することはもちろんのこと、毎年、食中毒事件を再認識し、「食中毒事件を風化させない活動」にも役立っている。また、入社1年目の社員に対しては、人材教育のカリキュラムに「品質保証基礎」の受講が必須となっており、理解度をチェックするための試験も準備され、昇級のための要件にもなっている。

3.4.2 部門ごとの教育・研修

工場においては「品質保証基礎」以外に、新入の従業員を対象とした食品衛生教育を行っている。そのテキストは「食品衛生初級」「食品取扱者の衛生管理（心得）」「製造室の環境整備（5S活動）」および「洗浄・殺菌の原理」などから構成されている。また、現場での指導者を育成するため、中堅社員を対象にした「品質保証応用研修」を定期的に開催している。内容は、「HACCP実践講座」「食品衛生関連法規（乳等省令、食品衛生法）」「品質管理手法（QC7つ道具）」「食品衛生応用編（化学物質、微生物の制御技術）」および「内部監査の進め方」などから構成されている。さらに、リーダークラスを対象とした「品質保証監督者研修」なども実施している。

製造部門以外の教育としては、営業部門や物流部門への品質保証研修を実施している。

3.4.3 工場出荷検査担当者を対象とした教育・訓練

弊社では、品質に関わる特定の業務について、その業務の遂行に必要な技術的要件を定め、要件を備えた者に対して資格を認証し、認証された者に業務を実施させることで、その業務結果の信頼性を保証している。特定の業務とは、例えば工場で製造した製品の出荷検査が該当する。

【認証対象とする資格】
① 官能評価員

官能評価員は、製品の出荷における官能検査を行う従業員で、五味識別（甘味、塩味、酸味、苦味、旨み）や濃度差識別および風味識別テストに合格した者が行う。

② 検査士

検査士とは、製品の出荷検査を担当する従業員で、以下の3つの資格がある。
・微生物検査士：製品の微生物検査を行う者
・SET検査士：製品の黄色ブドウ球菌エンテロトキシン（SET）検査を行う者
・成分検査士：製品の成分（理化学試験）検査を行う者

検査士の資格要件は、検査技術指導員（次項③）が実施する認証講習を受講し、筆記試験と実技試験の両方に合格しなければならない。講習の内容としては、「試験法の原理とその詳細」「検査室の環境と設備」「試薬や器具の取り扱い」「製品の規格基準」および「安全対策」などである。なお、検査士資格には有効期限があり、4年ごとに認証講習を受講し、試験が課されている。また、品質管理室における検査技術レベルの向上を図るため、中堅の検査士を対象に、統計解析の基本や専門的な検査技術など、年に1回の集合研修を開催している。

③ 検査技術指導員

検査技術指導員は、品質保証部門の検査分析部門に所属し、微生物、黄色ブドウ球菌エンテロトキシンまたは成分検査に関して、十分な経験と技術、正確で豊富な知識および十分な指導力を有する者から試験により選抜し、認証している。指導員の責務は、上述の検査士資格を認証する際の指導・研修および評価であり、加えて、工場の検査部署に対して検査技術の指導を行うことにより、出荷検査の信頼性確保にもつなげている。

本項では、食品製造における原材料の品質管理や、微生物を標的とした食品製造工程の危害分析・検証の事例および従業員の教育・研修について記述した。

食品工場において、製造環境から微生物をゼロにするということは、現実的には不可能なことであり、微生物のリスクを念頭に置いて適正レベル以下で管理することが重要となる。また、危害となる微生物は、取り扱う食品の性質（成分、水分活性、pHおよび塩分濃度）や殺菌条件および最終製品の包装形態によっても異なることから、その商品に適した危害分析・検証試験を行って、製造工程を管理することが安全な商品の提供につながる。

参 考 文 献

1) 大事なことは HACCP の基本に立ち返ること―総合衛生管理製造過程のメリットは大きい―、雪印乳業（株）、月間 HACCP、8 月号、35-41 (2005)
2) 品川邦汎：食品の高度衛生管理に関する研究、厚生労働科学研究費補助金食品安全確保研究事業平成 15 年度総括研究報告書 II-2 (2004)
3) 池田徹也、清水俊一、森本洋、柳平修一、酒井史彦、米川雅一、山口敬治：バルク乳及び脱脂粉乳中の黄色ブドウ球菌に関する疫学調査、第 28 回日本食品微生物学会学術総会講演要旨集、p.89 (2007)
4) 青山顕司、髙橋千登勢、山内吉彦、酒井史彦、五十嵐英夫、柳平修一、小西寛昭：チーズ製造工程における黄色ブドウ球菌の生残性と増殖に関する研究、食衛誌 49、116-123 (2008)
5) Halpin-Dohnalek, M. I., Marth, E. H., Fate of *Staphylococcus aureus* in whey, whey cream, and whey cream butter. J. Dairy Soc., 72, 3149-3155 (1989)

（柳平 修一・川口 昇）

第4章　食品工場での日常の害虫対策

4.1　害虫防除の実施に際して

　害虫防除は、食品への異物混入防止対策のひとつとして、HACCPの前提条件となる一般的衛生管理プログラムの中で管理されている。多くの食品メーカーでは、害虫防除を害虫防除業者へ委託しているものと思われる。大部分の場合、害虫防除業者には、月1〜2回のモニタリングを委託し、その結果と改善をまとめて報告書を受けているものと思われる。

　モニタリングの際に発見された問題点に対しては、緊急防除を行うケースもあるだろうが、害虫防除は従業員の日常管理で対処することが基本となる。例えば、卵から成虫になるまでの生活史（ライフサイクル）が2週間である害虫を防除するためには、2週間以内に一度の防除が必要となるので、害虫防除業者の訪問が月1回の契約であったとしたら、害虫防除業者がその害虫を防除することは難しい。従って、日々の生産によって生じる食品残渣（害虫の発生源）は、従業員の日常清掃で除去されるべき作業である。

　このように、害虫防除は、従業員による日常の衛生管理が基盤となっており、すべての従業員が食品衛生管理の主役として自らの役割を演じることで、害虫防除の成功へと導かれるのである。

4.2　食品工場で問題となる害虫

　食品工場で問題となる主な害虫を、表4.1に示した。以下には、工場内部で発生する害虫と、工場の外から侵入してくる害虫の代表的なものについて記しておく。

4.2.1　工場の中に住みつく害虫
1)　コバエ
　・コバエの中で、チョウバエは排水溝のような水場周りで発生する害虫の代表種である。
　・体長1.5〜5mmの小型のハエで、体は無数の毛でおおわれている[1]。
　・排水溝に残った食品の残渣やヌメリを餌としている。

表 4.1 食品工場で問題となる昆虫類

分類			主な種類	特徴
屋内発生昆虫	乾燥食品害虫	鱗翅目（チョウ目）	ノシメマダラメイガ バクガ	米、麦およびそれらの加工品などから発生。原料由来で持ち込まれ、工場内に定着する種が多く含まれるが、屋外から侵入するケースもある。流通過程を含め、一般家庭においても発見されることがある。
		鞘翅目（甲虫目）	タバコシバンムシ コクヌストモドキ	
		噛虫目（チャタテムシ目）	ヒラタチャタテ カツブシチャタテ	食菌性の昆虫で、食品の他に包装資材由来で持ち込まれ、工場内で定着することが多い。家庭にも生息。
		ダニ目	ケナガコナダニ サトウダニ	原料由来で持ち込まれるケースあり。比較的高湿を好む。
	温暖・湿潤	双翅目（ハエ目）	チョウバエ、ノミバエ ニセケバエ	いわゆるコバエと呼ばれている昆虫で、排水溝など食品残渣・汚泥が堆積した箇所で発生する。
		網翅目（ゴキブリ目）	チャバネゴキブリ	水場付近の温暖な機器類周辺で発生することが多い。屋外での生息不可。
屋外発生昆虫	飛翔性昆虫	双翅目（ハエ目）	イエバエ、ショウジョウバエ、ユスリカ	臭気・光源に誘引され工場内に侵入する昆虫が多く含まれている。
		半翅目（カメムシ目）	ウンカ、ヨコバイ アブラムシ	田畑で発生する農業害虫が多く含まれる。風の流れで工場内に偶発的に侵入することがある。
		膜翅目（ハチ目）	ハチ、アリガタバチ アリ（有翅）	シバンムシに寄生するハチも含まれる。
		鱗翅目（チョウ目）	ガ	果樹の害虫など多くの種類が含まれる。光源に誘引され侵入するケースが多い。
		噛虫目（チャタテムシ目）	チャタテムシ（有翅）	食菌性の昆虫で工場内定着の例もある。
		総翅目（アザミウマ目）	アザミウマ	田畑で発生する農業害虫であり、微小なことから風の流れに乗って工場内へ侵入することがある。
	歩行性昆虫	網翅目（ゴキブリ目）	クロゴキブリ ワモンゴキブリ	排水を通じて侵入するケースがある。
		鞘翅目（甲虫目）	ゴミムシ テントウムシ	食肉性の天敵を含む。工場内へは偶発的に侵入することが多い。
		膜翅目（ハチ目）	アリ	迷入昆虫として取り扱われるケースが多い。
		直翅目（バッタ目）	コオロギ カマドウマ	工場周囲の草地・緑地・陰湿な場所で発生することがある。
		クモ目	クモ	昆虫類の捕食者として工場内に定着するケースが見られる。
		その他	ゲジ、ヤスデ ダンゴムシ、ワラジムシ	工場周辺の腐った植物などを好んで食する。
鼠族	家ネズミ	齧歯目（ネズミ目）	ドブネズミ	水辺近くを好み、コンクリートの割れ目、柔らかい土面や側溝に穴を開けて営巣していることが多い。
			クマネズミ	高所を好み、立体的な行動が得意で天井裏、壁の内側を活動の場とする。警戒心が強い。
			ハツカネズミ	半野性的に生活していることが多く、周囲に畑や草地がある工場に侵入してくることがある。

- 水道ホースの中のような思わぬところが発生源となることがある。
- 生活史は、卵の期間2日、幼虫期間9～15日、蛹期間2日程度であり、最短では約2週間で卵から成虫になる。
- 成長のスピードが早いので、ひとたび発生すると短期間で大量に発生して、異物混入のリスクが高まる。
- 水場周りは、日常管理の中で洗浄が行われているケースが大半であるが、掃除しにくい場所（機械の底や裏側）や清掃不十分な箇所（排水溝のフタの裏側や床の亀裂）については、チョウバエの生活史に合わせて2週間に一度の予防対策（点検や洗浄、あるいは殺虫処理）を行うようにする。

2) ゴキブリ
- 温かくて湿気の多い場所を好む害虫として、ゴキブリがよく知られている。
- 工場の中で問題となるゴキブリは、体長10～15mmで小型のチャバネゴキブリ、大型ゴキブリでは、体長25mm程度のクロゴキブリ、体長28～44mmのワモンゴキブリがいる[1]。
- 山間部ではヤマトゴキブリのような森林に生息するゴキブリが工場の中へ侵入してくることもある。
- 卵鞘と呼ばれるケースの中に卵が入っている。チャバネゴキブリの場合はひとつの卵鞘の中に18～50個の卵が入っており、一斉に卵から出てくる（繁殖能力が高い）。
- ゴキブリは、暗がりや狭い空間を好んで生息している。卵から出てきて間もないチャバネゴキブリの幼虫は、わずか0.5mmの隙間（名刺2枚分の厚さ）にも入り込むことができる。
- 原材料や資材がダンボールで梱包されたままの状態で製造室内へ運び込まれると、そこに潜んでいるゴキブリも一緒に運び込むことがあるので、注意が必要である（当社では、丸めたダンボールを住みかとして実験用のゴキブリを飼育している）。

3) 貯穀害虫
- 貯穀害虫は、穀類、豆類、乾麺、菓子類のような比較的含水量の低い食品を餌とする害虫の仲間であり、貯蔵穀物害虫あるいは乾燥食品害虫と呼ばれている。
- 国内からは、100種類ほどの貯穀害虫が知られており、ノシメマダラメイガ、タバコシバンムシ、コクヌストモドキ等が食品に混入してトラブルになることがある。あごが強く包装フィルムに穴を開けて混入トラブルを起こすこともある。
- 貯穀害虫は、乾燥食品を取り扱う工場特有の害虫と思われがちであるが、一般家庭を含めて広く自然界にも生息している。
- 一般家庭では、開封後、長期間保存していた乾燥食品から発生することがある。工

場では、穀類やその残渣が溜まった場所（機械内部や高所）が発生源となる。
- 温度30℃前後の環境下では、30〜40日で卵から成虫に成育する（生活史を完成させる）。
- 雌雄1対の成虫が、3カ月後には数百頭から数十万頭にまで増えるほど、爆発的な繁殖能力を持っている[2]。
- 大量に発生させてしまうと駆除が困難となるので、生活史を完成させないよう、1カ月に一度の予防対策が必要である。

4.2.2　工場の外から入り込む害虫
(1) 飛翔性害虫
- 飛翔性害虫とは、主に「飛ぶ」ことで移動をしている昆虫の総称で、飛来性害虫（飛来虫）とも呼ばれている。
- 飛翔性害虫の種類は、工場の立地条件や季節によって大きく変わるが、食品工場内のモニタリング結果を見ると、ハエの仲間（双翅目）、ハチ（膜翅目）、カメムシ（半翅目）、ガ（鱗翅目）、チャタテムシ（チャタテムシ目）等が捕獲されている。
- 飛翔性害虫が工場へ近づいてくる要因には、光、臭いがある（誘引源）。
- 昆虫が光に集まってくるのは「走光性」という昆虫の習性であり、多くの人が体験している（夏、夜中の自動販売機や街灯に虫が集まっている）。光に集まってくる昆虫の代表種としては、ユスリカがよく知られている。ユスリカは、日中を木陰で過ごし、日没頃になると活動を開始する。夕方に出荷が多い工場では、出荷口の光源を防虫仕様のものに変更するとよい（虫の目からは見えない光を使う）。
- ショウジョウバエは、アルコール臭や熟した果物に集まってくる。生産の際に出る廃棄物を工場の近くに仮置きしておくことがあるが、仮置場は、出入口の近くであることが多く、それだとハエに誘引源（廃棄物）と侵入口（出入口）を提供していることになる。
- 工場の周辺に集まってきた害虫は、工場の出入口から侵入したり、人や物に付着して入り込んだり、あるいは工場の中に空気が吸い込まれている環境では、アブラムシのような体が小さい害虫が空気の流れに乗って入り込むこともある。
- 飛翔性害虫の発生源は広範囲にわたり、工場敷地外では管理しきれないことが多い。工場敷地内では、緑地帯の樹木管理が悪く、樹木特有のケムシが発生したり、落葉が排水溝に溜まり腐敗してコバエが発生したり、雨どいや屋上に水溜まりができて害虫の発生源になることがある。

(2) 歩行性害虫

- 歩行性害虫とは、主に「歩く」ことで移動をしている昆虫の総称であり、必ずしも翅の有無によって区分しているわけではない。
- 一般的には、アリ、ハサミムシ、ゴミムシ、コオロギ、カマドウマ等の昆虫のほかにダンゴムシ、ゲジ、ヤスデ等の節足動物が歩行性害虫と呼ばれている。
- 歩行性害虫の多くは工場周辺の緑地帯で発生し、たまたま工場の中へ入り込む種類が多い。
- アリは、道しるべフェロモンと呼ばれる物質を出し、いわゆる「アリの行列」を作ることがあるので、餌となるようなものがないように清潔を維持しなければならない。アリの餌は、生産している食品だけではなく、昆虫の死骸なども餌となるので注意する。
- 工場の中に侵入してくる昆虫や昆虫が多く生息している場所では、昆虫を餌とするクモが増えることがある。クモは、パレットや台車に巣を作り、工場の中を移動していることがある。

4.3 害虫防除の考え方

害虫防除を体系的に見ると、2つの方法がある（**図4.1**）。1つは、日常の衛生管理として行われている方法で、IPMと呼ばれている。IPMとは、Integrated Pest Managementの頭文字をとった略称で、総合的害虫管理のことをいう。

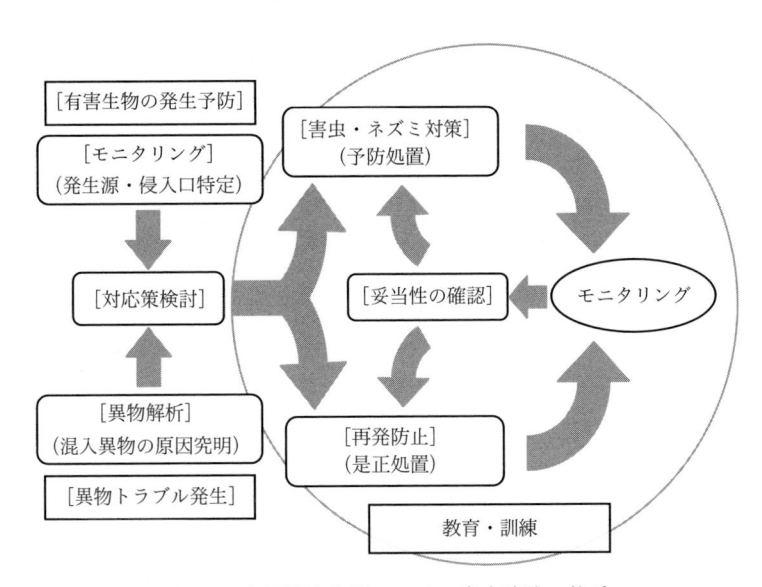

図4.1 食品関連施設における害虫防除の体系

IPMでは、害虫防除を殺虫剤のみに依存せず、あらゆる方法を総合的に取り入れて害虫を防除する。IPMは、対象とする施設の害虫に関するデータ収集（モニタリング）を重視している。その理由は、総合的な防除方法を決定するために、害虫の発生（あるいは侵入）原因を明らかにしなければならないからである。

もう1つの害虫防除の方法は、異物トラブルが発生した際に講じられる再発防止対策である。再発防止対策は、異物としての昆虫を検査して、混入原因を究明して対策を講じていく方法である。

以下に、害虫防除の方法を述べる。

4.4　モニタリング

普通、モニタリングは、トラップ（捕獲器）で害虫を捕獲する「トラップ調査」と、トラップの捕獲状況を参考に、人が巡回しながら点検をする「目視調査」の2種類が行われている。トラップ調査の主目的は、工場の中で害虫が住みついていないか、あるいは害虫が工場の中に入ってきていないかを調べるために行う。一方、目視調査は、トラップに捕獲された害虫の発生源や工場の中へ侵入してくる経路を調べて、害虫の発生（あるいは侵入）原因を明らかにすることを目的に行う。害虫対策では、どちらのモニタリング手法も大切だが、単にトラップ調査の捕獲データを集計するだけではなく、目視調査によって問題点を明確にして防除に反映させることが重要である。

4.4.1　トラップ調査

トラップ調査は、ゴキブリや歩行性の害虫をモニタリングする粘着式トラップ、光に集まってくる習性をもつ害虫を対象としたライトトラップが一般的に使用されている。また、乾燥食品を取り扱う工場では、貯穀害虫の発生が懸念されるので、専用のフェロモントラップが用いられている。

一般的に、トラップの設置場所は定点調査で行われているが、モニタリングの目的が変更された場合には、設置場所の見直しを行う。洗い場が移動したにもかかわらず、チョウバエの発生状況を把握する目的でトラップを同じ所に設置したままであった事例を経験したことがある。そのようなことを防ぐためにも、トラップを設置している場所を記したマップを作成しておくと管理がしやすい。

トラップの点検は、毎日、決まった時刻に点検をすることが望ましい。そうすることによって、突発的な害虫の発生や侵入を把握することができるからである。毎日の点検が困難な場合は、対象となる害虫の生活史（ライフサイクル）、捕獲状況（発生状況）、エリアの

清浄度区分によって基準を設けて行うとよい。トラップの交換は、ひと月に1回の頻度で行うのが普通である。

1) 粘着式トラップ

粘着式トラップは、山型の床置きトラップが安価であり、最もよく使われている（**図4.2**）。昆虫を誘引する物質を取り付けないので、狭い範囲でのモニタリングに適しており、昆虫類全般が偶発的に捕獲される。また、歩行性害虫を対象に、出入口付近のモニタリングに使用するケースや、水場周りに設置してゴキブリやチョウバエを監視するために用いられている。

2) ライトトラップ

ライトトラップは、昆虫類が反応する波長を発する特殊な誘虫ランプを用いている。夏の夜にスーパーの軒先でバチバチと音を鳴らしている青白いランプを備えた装置は、電撃式と呼ばれるライトトラップの一種である。ビニールハウスの中で使われている、ファン

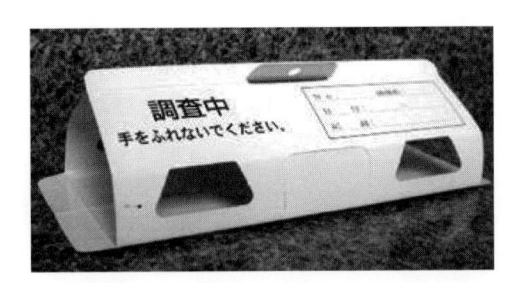

図4.2 パナルアー（粘着式トラップ）

図4.3 パナルアーライトⅠ（ライトトラップ）(A)
屋外から見えない位置に設置 (B)
誘虫ランプには飛散防止カバーを装着 (C)

表 4.2　ライトトラップ設置時の注意点

注意点	問題
1) 屋外から見えないように設置する	1) 屋外からの誘引・侵入
2) 生産ライン、コンベアーの上には設置しない	2) 製品への混入
3) 捕虫ランプは定期的に交換する	3) 照度低下＝誘虫効果低下
4) ライトトラップのカバー内の死骸は定期的に取り除く	4) 二次害虫の発生

を回転させて吸引するタイプのトラップも同様である。両機種とも、捕獲された害虫の虫体片が飛び散り異物となる可能性があるので、食品工場での使用には適さない。普通、粘着リボンを備えたライトトラップが使用されている（図 4.3）。

ライトトラップを設置する高さによって捕獲効率が異なるという議論があるが、例えば設置場所が高すぎると、トラップの点検や粘着リボンの交換をする際に作業性が悪い。逆に低すぎると、台車でトラップを引っ掛けてしまい、破損させてしまうことがある。従って、トラップの点検やリボンの交換のことを配慮して、ライトトラップは床面から1.2～1.8mの高さに設置するとよい。

また、出入口周辺に設置する際は、工場の外から見てライトトラップの青白い光が見える場所に設置すると、工場の中へ害虫をおびき寄せることになるので注意が必要である。AIB 国際検査統合基準では、ライトトラップを露出した製品や食品が接する面から、3m以上離して設置するよう指導している[3]。AIB とは、米国製パン研究所（The American Institute of Baking）のことで、この研究所の中にあるフードセーフティ部門が開発した独自の監査システムが、日本でも広く利用されている。ライトトラップ設置上の注意事項は、**表 4.2** に示した。

なお、誘虫ランプは、一般の蛍光灯を使う感覚で切れるまで使い続けてしまいがちだが、半年ほどで害虫を誘引する力が低下するので、青白い光が点灯していても交換する。

3) フェロモントラップ

フェロモントラップは、誘引源として性フェロモンや食物誘引物質を用いたトラップであり、対象とする害虫の種類により専用のトラップがある。特にタバコシバンムシとメイガ類に対するトラップは、実績があり世界的にも評価が高い。

トラップはおおむね10m間隔で設置して、捕獲数の多い場所を特定することで発生源を絞り込むことができる。成虫を誘引して製品への混入リスクがあるような、製造ライン近くへの設置は避ける。また、屋外からの誘引を配慮して、出入口からは10～20mほど離して設置する。

誘引剤であるフェロモンの効果は、何カ月も継続するものではない。4～5週間が経過した時点で、誘引効果は初期の半分近くまで下がるので、高い誘引効果を維持した状態で

使用するために、トラップはひと月ごとに交換するとよい。

4.4.2 目視調査

目視調査は、トラップ調査の結果を指標として、害虫の発生源、誘引源、侵入経路を探索する作業である。目視による点検は、害虫の生態等に関する知識を必要とするので、自主的に行う場合は害虫防除専門業者からアドバイスを求め、チェックリストを作成すると効率がよい。ただし、チェックリストのみに依存してしまうと新たな問題点を見落とすことがあるので、注意してほしい。目視点検で留意すべき点を、以下に列挙する。

＜屋内＞
- 水、粉塵、食品残渣が溜まりやすい場所は、発生源となりやすい。
- 目の行き届かないところで害虫は発生する。逆に日常の清掃が行われ、目が行き届いている場所で害虫は発生しない。
- 製造装置の裏側や下、カバーの裏に食品残渣が溜まる場所がないか。
- 排水溝のフタの裏側や蛇腹ホースの中にヌメリがないか。
- 配電ボックスや電線カバーの中には、貯穀害虫やゴキブリが住みつきやすい。
- 窓や壁際に粉塵が堆積して、結露で濡れると食菌性のチャタテムシが発生する。
- 窓のレールに飛翔性害虫の死骸がないか点検する。製造エリアに迷い込んだ飛翔性害虫は、窓から入り込む紫外線に誘引されて窓際に集まってくる。
- 非常口の案内灯に虫が入り込んでいないか。もし入っていたら、そのエリアで発生しているか、もしくは屋外からの侵入を許していることになる。
- 室内灯に虫が入り込んでいる場合は、天井裏から製造室へ入り込んでいる可能性がある。
- ライトトラップの位置は屋外から見えない場所に設置してあるか。もし屋外から見えるようなら、屋外性害虫をみすみす呼び寄せていることになる。

＜屋外＞
- 緑地帯は草が伸び放題になっていないか。落ち葉が溜まっていないか。樹木が腐っていないか。
- 水溜まりはできていないか。
- 排水溝、排水枡に落ち葉やごみが溜まっていないか。
- 休憩室の自動販売機や空き缶捨て場に昆虫が集まっていないか。
- 廃棄物置場に昆虫が集まっていないか。
- ブルーシートを被った遊休品が置いていないか（典型的な目の行き届かない場所）。
- パレットが雨に曝されていないか。置きっ放しになっていないか。

・給排気口に防虫網はついているか。
・出入口が開けっ放しになっていないか。
・シャッターや扉の周囲に隙間はないか。
・外灯に昆虫が集まっていないか。

　目視調査で発見された問題点に対しては、改善方法を関係部署と協議し、改善担当部署、改善予定日を定めて対策に取り組むとよい。改善前後の写真を残しておくことによって、従業員教育にも活用できる。

4.5　搬入される害虫の対策

　工場の中へ害虫が侵入する経路の1つとして、搬入される包装資材、原材料に害虫が付着・混入して持ち込まれるケースがある。

4.5.1　包装資材

　ゴキブリがダンボールを好むことは先に述べた。その他に、紙を由来とする害虫としては、チャタテムシがいる。チャタテムシは、体長が数ミリの非常に微小な害虫で、ダニと間違われて刺咬問題を起こすことがある（チャタテムシは刺したり、咬んだりしない）。カビを餌とする食菌性の害虫であり、湿度の高い環境では短期間で大繁殖することがある。包装資材の受入検査で破損、汚れ、濡れ等害虫の混入が懸念されるものについては、入念なチェックが必要である。万一、害虫の付着が確認された場合は、他の資材へ汚染を広げないよう直ちに隔離する。

図4.4　タンク内部の清掃

4.5.2　原材料

　穀物（米・麦・豆等）を由来とする原材料では、貯穀害虫が混入している可能性がある。原材料の管理方法としては、低温条件下に保管することによって、付着している害虫の繁殖を抑制する方法がある。低温条件は、経済的な面も配慮して15℃で管理するのが一般的である（貯穀害虫の繁殖を抑制するだけで、殺虫効果はない）。

　また、穀物については、農薬として登録されているリン化アルミニウムくん蒸剤を使うことができる。くん蒸剤は、入庫準備の段階で保管施設（サイロ、倉庫）の害

虫やネズミを駆除するのにも有効である。

タンクは、定期的に専門業者による清掃作業を実施して、タンク内部のクリーニングと内部環境を把握しておくことが好ましい（**図4.4**）。

4.5.3 受け入れ時の留意点

包装資材や原材料の受け入れの際、屋外で仮置きをしてから倉庫へ搬入することがあるが、屋外で仮置きをしている間に害虫が付着することがあるので望ましくない。

倉庫の中へ搬入する際は、事前にエアー吹きを行うことで、表面に付着している微小な昆虫をある程度は除去することができる。

4.5.4 倉庫の管理

1) 18インチルール

原材料や包装資材の保管管理が悪い場合、それらに付着していた昆虫が製造室へ移動して発生源を広げてしまうことがある。そのため、倉庫においてもトラップ調査を実施することが望ましい。

倉庫では、例えば原材料が壁際まで配置されて、トラップ調査や目視調査が行えないケースがある。そのような場合、害虫やネズミの被害が発生していたとしても把握することができず、さらに被害を拡大させてしまうことになる。AIB国際検査統合基準では、「壁や天井から少なくとも45cm離して原材料を保管していること」[3]と決められている（18インチルール）。この空間を確保することで、トラップ調査や目視調査を行うことが可能になり、清掃活動も容易になる。倉庫では、目印として壁から45cmの床に白線を引いておくと、原材料を配置する際に役に立つ。

2) パレット

倉庫では、製品だけでなくパレットの検査も入念に行うべきである。特に長期間放置されたパレットは、昆虫の付着が見られることが多い。また、原材料を取り扱うエリアで使用しているパレットを、包装エリアでも重複して使用するようなことは避けるべきである。それは、原材料に付着してきた害虫を包装エリアまで人為的に運び込むことになるからである。台車についても同様で、用途ごとに使い分けるとよい。パレットや台車の洗浄は、底部裏面のような見えない箇所も行うべきである（よくクモの巣が見られることがある）。

4.6 工場の中に住みつく害虫の対策

4.6.1 発生源の除去

発生源対策の基本は、日頃行っている清掃作業によって、餌となる食品の残渣を取り除くことである。見た目をきれいにする美観清掃も大切ではあるが、防虫のために行う清掃・洗浄は、目の行き届かない場所を対象とすることが多い。

(1) 清掃頻度の決め方

清掃は毎日行うことが理想だが、毎日は行うことができない場所も多くある。そのような場所は、いわゆる「定期清掃」によって管理する。この定期清掃の頻度は、防虫という観点から、発生が予測される害虫の生活史を参考にして決めるとよい。例えば、貯穀害虫は、約1カ月で卵から成虫に育つ。チョウバエの場合は約2週間と、貯穀害虫の倍の速度で繁殖をする。この生活史の期間内に清掃を行うことで、害虫の発生を抑制する効果が期待できる。

(2) 清掃を簡単にするための工夫

モニタリングや清掃活動の充実は、同時に施設や設備の改善に結びつくケースがある。それは、清掃が困難な構造上の問題が明らかになり、生産現場から改善提案が上がってくるようになるからである。

例えば、製造ラインの下に食品片が落ちてくる場合は、引出し式の受皿をあらかじめ設置しておくと掃除が簡単になる。製造機器の内部を清掃する場合は、カバーを外すのに工具を使わなければならないと手間なので、例えば蝶ネジで止められるように改善をすると、

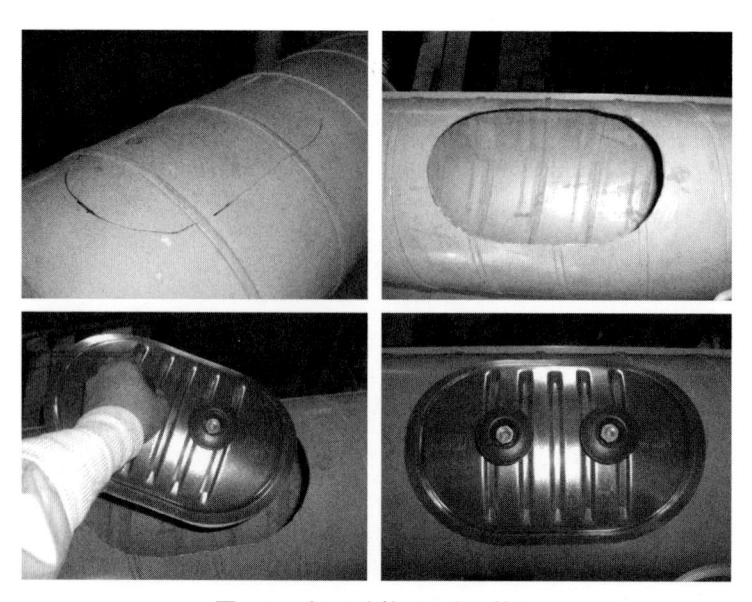

図4.5 ダクト点検口の取り付け

工具を使わなくてもすむ。

また、集塵ダクトの内部は、点検や清掃がしづらい場所の1つであるが、点検口を後付けすることもできる（**図4.5**）。

(3) 食菌性害虫（チャタテムシ）対策

カビの生えやすい環境（結露が多い製造室やダクトの内部等）では、カビを食べる習性のある（食菌性）チャタテムシが発生しやすい。チャタテムシは微小な害虫であり、短期間で爆発的に繁殖をする。カビが生えそうな場所では、清掃した後にエタノール製剤を噴霧して仕上げをするとよい。エタノール製剤の使用は、火気の問題から、手動式のポンプスプレーによって処理されていることが多く、処理面積が広い場合は作業効率が悪い。この問題を解決するために、エタノール製剤を炭酸ガスと同時に噴霧する超微粒子スプレー装置が普及している（**図4.6**）。

図4.6 パナエックスライザー
（超微粒子スプレー装置）

4.6.2 殺虫剤の処理

故意による食品への農薬混入事件に起因して、食品メーカーでは殺虫剤を使用しない害虫防除に向かう傾向がある。しかし、一時に大量の害虫が発生した場合には、殺虫剤に頼らざるをえないケースもあると思われる。以下に、殺虫剤を使用する際の留意点を示す。

1) 殺虫剤の効力発現

工場の中で発生する害虫の対策として、殺虫剤が用いられることも少なくない。殺虫剤の使用に関しては、目的とする効力を上げるとともに、誤用による薬害を防がなければならない。

殺虫剤は、単に撒けばいいのか？　殺虫剤の必要以上の使用は、環境への悪影響や、場合によっては製品への混入リスクも懸念される。逆に、少なすぎると期待される効力が得られないことがある。殺虫剤は、対象とする害虫に殺虫成分（有効成分）を到達させ、十分量が害虫の体内に取り込まれることによって効力が発現する。どんなに優れた殺虫剤であっても害虫に到達しなければ、殺虫効力を発揮することはない。従って、殺虫剤は、対象とする害虫に到達させるための環境整備（＝整理・整頓・清掃）を行った後に使用すると、効果的である。

食品残渣や粉塵の中で生息している害虫を対象に殺虫剤を使う場合、食品残渣等を除去

せずに殺虫剤を使用するのだと効果は半減する。食品残渣等を除去してもなお残った害虫の処理に使用する、という考え方がよい。ゴキブリを対象として食毒剤（ベイト剤）を使用する場合も、他に餌となるものがあると効力を発揮しない。

　2) 省薬施工とは

　前述のように、害虫防除は殺虫剤のみに頼らない IPM 手法へと移行している。この IPM を、単に「殺虫剤を使用しない害虫防除」と誤解しているケースがある。しかし、先にも述べたが、IPM ではモニタリングを重視している。モニタリングの結果から、殺虫剤の使用場所が特定されることで、殺虫剤の使用量を減らせる局所処理が可能となる。この一連の流れを「省薬施工」という。単に殺虫剤の使用量だけを減らしても、日常の衛生管理ができていないと害虫の発生を止めることはできない。従って、「省薬施工」を実践するためには、害虫発生の問題点を正確に把握するための「モニタリングの能力」が高くなければ実現できない。

　3) 使用薬剤のリスト

　工場の中で使用される殺虫剤は予め決めておき、使用方法が記された書類（ラベル等）、製品安全データシート（MSDS）を保管しておく。殺虫剤の選定は、どのような場面でどの害虫を対象にするのかを考慮して決定する。同じ剤型の殺虫剤でも、殺虫成分（有効成分）が異なるものや、同じ乳剤でも低臭性タイプのものもある。

　殺虫剤の選定に迷ったときは、害虫防除専門業者や薬剤メーカーに相談するとよい。

　4) 指定された場所での使用

　殺虫剤を使用する場合は、製品に悪影響を及ぼさないように使用しなければならない。必要に応じて、設備にはビニールシートを用いた養生を施して、殺虫剤による汚染を防止するような配慮が必要である。殺虫剤の使用に際しては、このような準備が必要となる場合があるので、良かれと思っても指定場所以外でむやみに殺虫剤を使用すべきではない。

　5) 記　録

　殺虫剤の使用後は、使用方法等の記録を残しておく。先述の AIB 国際検査統合基準では、次の項目を記録に残すよう指導している。

- ・使用した薬剤名
- ・法規制で要求する製品登録番号
- ・対象害虫
- ・薬剤の使用濃度、もしくは使用率
- ・薬剤を使用した具体的な場所
- ・使用方法
- ・実際に使用した薬剤量

・薬剤を使用した日時
・薬剤使用者の署名

6) その他

殺虫剤の使用は、一定のトレーニングを受けた者に限定する。また、殺虫剤の保管は、鍵のかかる専用の保管庫に入れて、責任者を決めて管理する。使用の際に調整した殺虫剤は、そのつど使い切り、保管庫に残さないようにする。

4.7 工場の外から入り込む害虫の対策

4.7.1 発生源の除去

工場の敷地外から飛翔してくる害虫の発生源対策は、自社の権限で対処することが難しいので、ここでは敷地内で発生源となる場所の留意点について述べる。

1) 緑地帯

「緑地帯は、工場からどのくらい離れていれば害虫が入って来ないか？」と聞かれることがある。「○○メートル離れていれば大丈夫です」と返答したいが、そのような数値はない。そういったことよりも、むしろ日常管理として、樹木の剪定、消毒、除草、落ち葉拾いが行われていることが大切である。

サクラ、サザンカ、ツバキ等は、春や秋に一定の害虫が発生しやすい樹木である。また、腐敗した樹木や落ち葉からは、クロバネキノコバエ等の害虫が発生する。

樹木の消毒は、使用する農薬の専門知識が必要となるので、造園業者に委託するとよい。アリ、ダンゴムシ等の歩行性害虫の防除には、安全性への志向から、すべて天然成分で作られた殺虫剤もある。

2) 排水溝

排水溝に落ち葉が溜まって、雨水が詰まり、カやチョウバエの発生源となっているケースがある。定期的な点検を心がけて、落ち葉のシーズンには清掃を行うよう定期清掃プログラムの中に入れておくとよい。

また、害虫の侵入を防ぐ方法として、排水枡内の排水管を水没させる方法がとられている。一定の効果はあると思われるが、過信しないほうがよい。排水枡、マンホールから発生する害虫防除には、数ヵ月効力が持続する自然蒸散剤を使うとよい（**図4.7**）。

図4.7 パナプレート（自然蒸散剤）による排水枡のコバエ対策

3) 屋上・雨樋

水溜まりは排水溝だけではなく、屋上や雨樋でも見られる。屋上へ上がることは少ないので見過ごしがちだが、ユスリカの発生源になっていた事例がある。

管理が悪いケースでは、雨樋に土が溜まり草が生えていたケースもあった。害虫の発生する時期の前に、屋上や雨樋を点検しておく。

4) その他

工場の外を一周してみると、遊休品がブルーシートを被って保管されていることがある。このような場合、害虫の格好な住みかとなる。長期間動かしていない物は、定期的に点検をして管理する。

4.7.2 誘引源の管理

昆虫は、光や臭いに誘われて工場に近づいてくる。そのため、昆虫の工場内侵入阻止の手法として、誘引源を管理することは効果的である。

以下、食品工場で行われている光と臭いの管理方法について記す。

(1) 光（照明）の管理方法

工場の中から漏れる照明や外灯に集まってくる昆虫の対策には、次のような方法がある。

- ・照明を、昆虫が反応する波長の光を発しない防虫タイプに交換する。
- ・照明に、昆虫が反応する波長の光をカットするフィルムやスリーブを装着する。
- ・窓に、昆虫が反応する波長の光をカットするフィルムを貼る。

工場から発する光が、昆虫の視線から見てどのように映るかを確認する方法として、害虫防除業者は「虫の眼レンズ」を活用している。防虫ランプは、肉眼では普通に光を発して見えるが、「虫の眼レンズ」で見ると防虫ランプの光は見えない。このレンズを活用して工場の外周から点検をすると、防虫仕様となっていない照明や窓を調べることができる。

(2) 臭気の管理方法

日常的に行うことができる臭気対策として、ゴミ置場の管理について触れておく。多くの食品工場では、ゴミ置場が工場から離れていない場所に設置されているケースが目につく。また、仮に工場から離れた場所にゴミ置場を設置してあったとしても、ゴミを運び込むための仮置場（コンテナ等を利用しているケースが見られる）が工場に隣接していることがある。ゴミ置場が工場の近くにあるということは、工場のすぐ近くまで昆虫を誘引していることになる。従って、できる限りゴミ置場（仮置場を含む）は、工場から離れた場所に設置し、臭気が漏れないよう管理することが望ましい。

4.7.3　侵入口の遮断

発生源の除去や誘引源を管理しても、昆虫の接近を完全に阻止することはできない。そこで、工場に接近してきた昆虫を侵入させないための対策が必要になる。

1) 出入口

出入口は、人や物の出入が頻繁な場所なので、最も昆虫が侵入する機会が多い。出入口は、開口部が広いほど昆虫が侵入しやすくなる。そのため、出入口は、必要最小限の開口面積を確保し、開口時間にも配慮してスピードシャッター、自動ドア等を用いると侵入阻止に有効である。また、侵入した昆虫がダイレクトに製造室へ入り込まないよう前室を設けるとよい。

出入口にエアカーテンを併設すると、さらに防虫効果が高まる。安価に防虫対策をするのであれば、昆虫が反応する光をカットする機能を備えた防虫カーテン（**図4.8**）も有効である。

なお、いくら優れた防虫設備を導入しても、適切に活用されなければ意味がない。数年で従業員数が4倍になった工場では、屋外性害虫を由来とする異物混入の件数が急増したケースがある。適切な防虫設備の利用を周知するためには、作業者とともに出入業者をも含めた教育訓練が必要である。

2) 天井裏

天井裏に入り込んだ昆虫が、その下にある製造室へ侵入してくることがある。例えば、電気配線を通している穴から製造室へ侵入した大量の昆虫が、照明のカバー内に見られることがある。また、天井裏や製造室の上に機械室がある場合、そこへ入ると上の製造室の明かりが漏れて見えることがある。そういった隙間は、害虫の侵入を阻止するために補修をしておく。

図4.8　パナバリアー（防虫カーテン）

3) 換気扇

換気扇に防虫網がついていない場合、未使用時に害虫の侵入経路となる。防虫網を取り付ける際は、網目が小さいほど害虫の侵入を防止する効果は高いが、埃が付着して目詰まりも生じやすくなるので、目詰まりが生じやすい環境では、埃が付きにくい防塵タイプの防虫網を活用するとよい。

4) その他の侵入経路

モニタリング調査の結果、思わぬところに外部と通じる隙間が発見されることがある。各種配管・配線を通している壁の穴の周囲（特に、使われなくなった配管・配線は非管理状態となっていることが多い）、窓や扉、シャッターの周囲は注意が必要である。

また、工場が極端な陰圧の環境下では、アブラムシやチャタテムシ等の微小昆虫が気流に乗って工場内へ吸い込まれることがある。

4.7.4 侵入した害虫の防除

害虫が入り込んでしまった時に備えて、日常的に侵入害虫の防除対策を行っておくとよい。侵入害虫の防除は、出入口や前室で水際対策として行われるのであって、それだけを行っておけばよいというものではない。前述の発生源対策、誘引源対策、侵入経路の対策を総合的に実施した上で行われるべき防除法である。

(1) 物理的防除

物理的な対策としては、モニタリング用とは別にライトトラップを設置して、侵入した害虫を捕殺する方法がある。ただし、侵入した害虫がすべてライトトラップで捕殺されるわけではない。もし、ライトトラップを設置している場所に窓があったら、そこから入り込む紫外線に、害虫は強く誘引される。また、部屋の照明にも害虫は誘引されてしまう。

捕殺効率をアップさせるためには、窓や照明に防虫フィルム、防虫ランプを使用するとよい。そうすることによって、その部屋の光源がライトトラップの誘虫ランプだけとなり、捕殺効率が向上する。

(2) 化学的防除

化学的な対策としては、蒸散タイプの殺虫剤を使用することが多い。従業員の出入口に、市販されている家庭用殺虫剤（コンセントに差し込むタイプ等）が簡便なので用いられているのを見かけるが、あまりにも広い場所に1つだけがセットされていても効力が伴わない。殺虫剤の用法用量を読み必要個数を使うか、害虫防除業者に相談をして業務用の殺虫剤を設置し、管理を委託するのもよい。

4.8　害虫防除業者の活用方法

(1)　アドバイザーとしての活用

冒頭でも述べたが、害虫防除は、日常の衛生管理を担う工場の作業者が主役となって行われる自主管理が基本である。しかし、害虫防除を行う上では、さまざまな専門的な知識や最新の防除方法等の情報が必要となる。これらの収集には、害虫防除業者をアドバイザーとして活用するとよい。自主管理の中で発見された害虫の情報を害虫防除業者へ伝え、連携を保つことが害虫防除を成功へ導くことになる。

(2)　混入異物の同定

昆虫を由来とする異物混入がなくならない理由の1つには、異物混入の原因究明が十分に行うことができず、的確な再発防止対策がとられていないことが挙げられる。異物混入の原因を究明するためには、以下のような専門的知識を必要とする検査を行う。検査のポイントを簡単に記しておくが、専門的なことは害虫防除業者へ相談したほうがよい。

1)　同　定

検査に際して一番に行うことは、害虫の種類を調べることである。害虫の種類が判明することによって、その害虫の食性、習性、生息分布等を知ることができる。また、害虫の種類を調べると同時に、混入した昆虫が一頭なのか、複数頭なのか、発育ステージの種類別に調査するとよい。

2)　加熱状況の判定

害虫が加熱を受けているのかを判断する手法として、一般にカタラーゼ試験が行われている。カタラーゼ試験とは、昆虫の体内に存在するカタラーゼ酵素の活性を確認する手法である。この酵素は、ある一定の熱を受けることによって分解するため、活性の有無を確認することにより、昆虫の加熱状況を推測することができる。それにより、製造のどの段階で害虫が混入したか推測する。

しかし、カタラーゼ酵素は、死後日数の経過に伴い失活するので、試験の結果は1つの判断材料として捉えるべきである。

3)　包材被害の判定

貯穀害虫の中には、包材を食い破るような高い穿孔能力を持つ害虫がいる。包材に開けられた穴を観察すると、害虫由来のものは穴の縁が開けた側に隆起している。この情報から、混入した害虫が、包装工程の「前」か、あるいは「後」で混入したのかを推測することができる。

4)　侵入状況の判定

発見された昆虫の種類および発育ステージや個体数を特定し、その昆虫の生態的特徴に

基づいて「侵入状況」を推察する。

また、特定した昆虫の食性と発見された製品との関係や、食害状況・脱皮殻・糞等の痕跡を調査することによって、混入してからの「生存状況」や「世代交代」の有無を判断し、発見年月日や場所、状況等を考慮して、「混入時期」を推定する。

(3) 社員教育の依頼

前述した害虫の同定方法、殺虫剤の知識と適切な使用方法、従業員の防虫意識向上等を目的に、教育訓練を受託する害虫防除業者も増えてきているので相談してみるとよい。

参 考 文 献

1) 上村募ら（編）：原色 ペストコントロール図説 第Ⅰ集、（社）日本ペストコントロール協会 (1985)
2) 中北宏、池長裕史：貯穀害虫に関する諸問題と防除の現状と今後の展望、家屋害虫 17(1) p.79 (1995)
3) AIB International：AIB 国際検査統合基準 前提条件と食品安全プログラム、日本語訳（社）日本パン技術研究所 (2009)

（石向　稔）

第5章　食品製造と化学薬剤（洗浄剤・除菌剤）
——その適正・効果的な使い方と管理——

5.1　食品工場の洗浄・除菌の位置付けと目的

　食品の品質と安全を確保するためのトータルサニテーション（原材料、機械・器具、施設・設備、容器・包装などの衛生管理）の要素として、洗浄・除菌は大変重要なものである。**図 5.1** にあるように、洗浄・除菌の目的は、洗浄操作を土台として除菌操作で仕上げをして、食中毒菌の付着を防ぎ、腐敗原因菌の付着を極力少なくして腐敗しにくくすることに

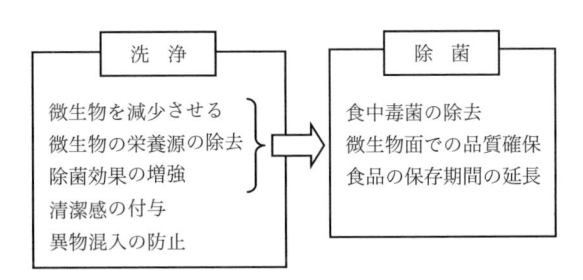

洗浄
- 微生物を減少させる
- 微生物の栄養源の除去
- 除菌効果の増強
- 清潔感の付与
- 異物混入の防止

除菌
- 食中毒菌の除去
- 微生物面での品質確保
- 食品の保存期間の延長

図 5.1　洗浄と除菌の目的

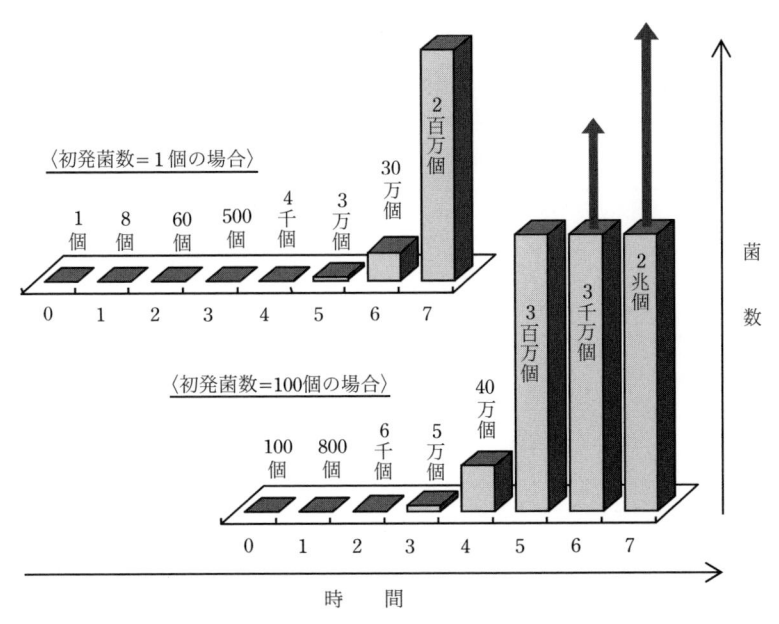

〈初発菌数＝1個の場合〉
時間	0	1	2	3	4	5	6	7
菌数	1個	8個	60個	500個	4千個	3万個	30万個	2百万個

〈初発菌数＝100個の場合〉
時間	0	1	2	3	4	5	6	7
菌数	100個	800個	6千個	5万個	40万個	3百万個	3千万個	2兆個

図 5.2　初発菌数の違いによる細菌数の変化
（細菌の分裂時間を 20 分として）

より、食品の安全性を確保することにある。

図 5.2 は、最初の付着菌数（初発菌数）が 1 個の場合と 100 個の場合での、時間を追った菌数変化のシミュレーションである。最初の菌数の違いが、数時間後には大変大きな差となって現れ、汚染により付着する菌数を少なくすることの重要性がわかる。

なお、食品工場などへは"除菌剤"という名称で殺菌成分を配合した薬剤が販売されている。これは、操作としては殺菌、消毒そのものではあるものの、食品工場で得られる効果が必ずしも無菌とはならないことから、誤解を避けるためである。従って、ここでは"殺菌"に代えて"除菌"という用語に統一していることをご承知いただきたい。

5.2 食品工場で用いられる洗浄・除菌剤

表5.1 にあるように、洗浄剤、いわゆる洗剤には、アルカリ性、中性、酸性洗剤があり、中性洗剤（陰イオン系が主体）が広く使われている。アルカリ性洗剤はタンパク系の汚れなどに、酸性洗剤はカルシウム塩など無機系の汚れに対する洗浄効果が高い。**表**5.2 は除菌成分の分類で、食品に使用できる食品添加物と、食品には使用できないそれ以外のものがあり、また食品添加物でも、食品への使用制限（使用基準）がある場合があるので注意が必要である。食品添加物としては、次亜塩素酸ナトリウムとアルコール製剤が最も一般的である。

表5.3 に、主な除菌成分の微生物別効果の比較を模式的にまとめたが、菌によって効果に差があることがわかる。アルコールはほぼ原液で使用する必要があり、他の除菌剤に比べると濃度としての除菌効果は低いが、安全性が高く、食品の風味に対する影響も比較的

表 5.1 代表的な洗浄剤 [1]

分　類		概略 pH	主成分	用　途
アルカリ性洗剤	（強アルカリ） （アルカリ） （弱アルカリ）	12.5 以上 11.0〜12.5 8.0〜11.0	苛性ソーダ、炭酸塩、ケイ酸塩（オルソ、メタなど）、リン酸塩（オルソ、ピロ、トリポリなど）	強度〜軽度の有機物（油脂、タンパク）汚れ
界面活性剤 （中性洗剤）	非イオン系	6.0〜8.0	ポリオキシアルキルエーテル、ポリオキシエチレン脂肪酸エステルなど	一般洗浄（手動の洗浄など） 軽度の油脂汚れ
	陰イオン系		石鹸、直鎖アルキルベンゼンスルホン酸塩、α-オレフィンスルホン酸塩、高級アルコール硫酸塩など	
	両性イオン系		アルキルベタインなど	
酸性洗剤	有機酸	2.0〜6.0	酢酸、クエン酸、リンゴ酸など	軽度の無機スケール
	無機酸	2.0 以下	硫酸、塩酸、硝酸、リン酸など	強度の無機スケール

表5.2 除菌成分の分類

分類	食品添加物	食品添加物以外
過酸化物系	過酸化水素水*	過炭酸ナトリウム、過酢酸、オゾン
塩素系 (ハロゲン系)	次亜塩素酸ナトリウム* 亜塩素酸ナトリウム* 二酸化塩素*	次亜塩素酸カルシウム 塩素ガス 塩素化イソシアニル酸
アルコール系	エチルアルコール アルコール製剤	
ビグアナイド系		ポリヘキサメチレンビグアニジン塩酸塩
第四級アンモニウム塩		塩化ベンザルコニウム ジデシルジメチルアンモニウム塩酸塩
両性界面活性剤		アルキルポリアミノエチルグリシン

＊使用基準（対象食品、使用量、使用制限）あり

表5.3 除菌剤の微生物別効果の概略比較

	除菌剤	細菌	耐熱性菌	乳酸菌	酵母	カビ	備考
食品添加物	アルコール（製剤）	○	×	○	○	○	耐熱性菌（芽胞）には無効
	次亜塩素酸ナトリウム	○	×	○	△	△	蛋白などの有機物で効果が激減
合成除菌剤	第四級アンモニウム塩 塩化ベンザルコニウム（BAC、逆性石鹸）	○	△	○	△	△	耐熱性菌（芽胞）には無効
	第四級アンモニウム塩 ジデシルジメチルアンモニウムクロライド（DDAC）	○	△	○	△	△	同上
	両性界面活性剤	○	△	△	△	△	結核菌に有効
	ビグアナイド系（PHMB）	○	○	○	○	△	耐熱性菌（芽胞）に有効

注）○：有効、△：あまり有効ではない、×：無効
＊耐熱性菌は芽胞を形成するため、高温、乾燥、放射線、殺菌剤への抵抗性が強い
＊アルデヒド系、ヨウ素系、フェノール系は、食品工場の通常の殺菌には使用されない

少ないことから、水すすぎなしで使用できる。合成系の除菌剤としては、第四級アンモニウム塩、両性界面活性剤、ビグアナイド系があり、陽イオンの性質を有し強力な除菌力が特徴である。それらの除菌剤は、安全性が高く環境への影響も少ないことが確かめられているが、食品添加物ではないために、食品が触れる箇所に使用した場合には、食品への付着を防止するために水すすぎが必要となる。また、次亜塩素酸ナトリウムは、塩素臭が残るために実質的には水すすぎが必要で、野菜などの食品表面の除菌以外は、合成除菌剤と同様に扱われることが多い。

　アルコールの引火の危険性や、直接食品に使用する場合の臭気や味の影響を低減するために、アルコール濃度を抑えた代わりに、助剤として有機酸やグリセリン脂肪酸エステル

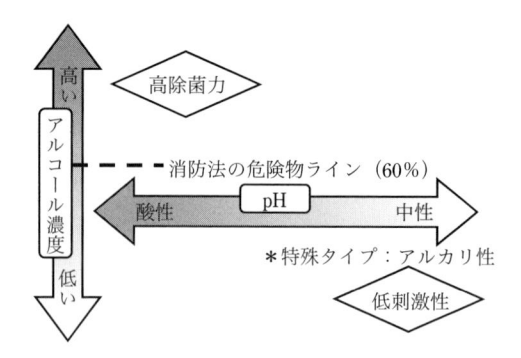

図5.3 アルコール製剤の主なバリエーション例

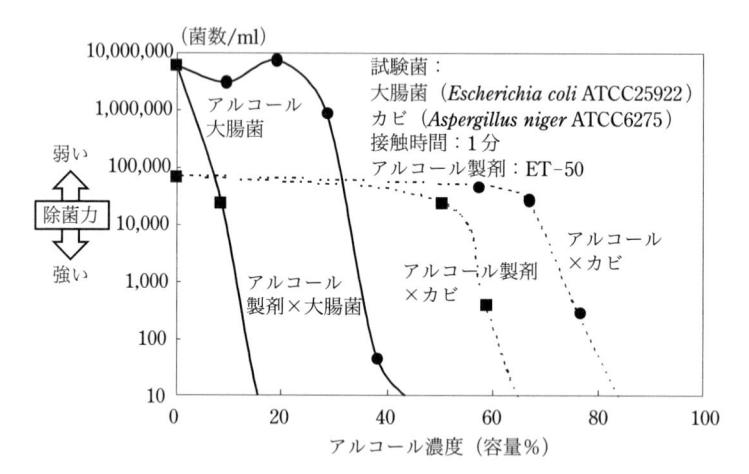

図5.4 アルコールとアルコール製剤の除菌力比較

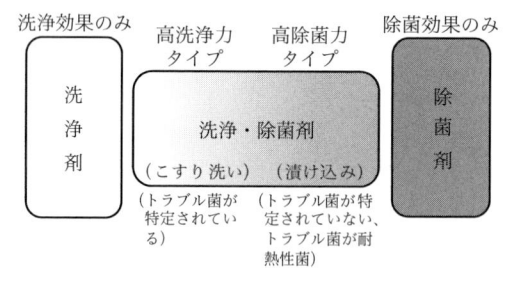

図5.5 洗浄剤、除菌剤、および洗浄・除菌剤の関係図

などの抗菌成分を配合して、効果を高めたアルコール製剤が広く用いられている。使用目的によって多くのバリエーションがあり、**図5.3**にそのイメージを示した。また、**図5.4**に示したように、アルコール製剤はより低いアルコール濃度でも除菌力を発揮する。また、アルコールが揮散した後に残る助剤の抗菌力により、菌の増殖が抑制されることが期待できる。洗浄剤と除菌剤、および洗浄剤と主に合成除菌剤を配合して洗浄と除菌の効果を合わせもった洗浄・除菌剤の関係が**図5.5**で、これも使用目的の優先度合いによって種々のバリエーションがある。

表 5.4 洗浄・除菌に影響する要因と注意点（概要）

影響要因	注意点
(1) 有機物（汚れ）	汚れを除くこと（洗浄）が先決
(2) 菌数	菌数が高いと除菌できないことがある
(3) 薬剤濃度と接触時間	決められた濃度と時間を守る
(4) 金属イオン	洗剤、除菌剤の希釈は水道水を使う
(5) pH	次亜塩素酸ナトリウムは要注意
(6) 温度	作業性を優先した適温で
(7) その他の薬剤	自己流で絶対混ぜない
(8) 希釈後の管理	使用時の希釈が原則、清潔を保つ
(9) 金属等への腐蝕性	アルミ、鉄、銅の漬け込みは要注意
(10) 廃水処理	洗剤、除菌剤は適量を使用する
(11) 安全性	強アルカリ洗剤に注意

5.3 洗浄・除菌に影響する要因と注意点

洗浄・除菌をする上で、その効果に影響を及ぼすいくつかの要因があり、これらを考慮しないと十分な効果が得られない場合がある。特に除菌について、いくつかの影響因子や注意点を挙げる（**表 5.4**）。

1) 有機物（汚れ）

図 5.6 に示したように、菌が汚れに覆われている場合には、当然のことながら除菌剤は無効であり、洗浄によりまず汚れを取り除くことが大変重要である。洗浄・除菌剤は、汚れを浮かし除きながら除菌を行い、目に見えないわずかな汚れが再付着した場合にも、除菌ができる仕組みになっている。また、除菌剤は多かれ少なかれ有機物の影響を受けて除菌力が低下する。次亜塩素酸ナトリウムは、安価で強力な除菌剤であり広く用いられているが、タンパク汚れなどにより効果が激減するため、こすり洗いなどで十分洗浄できる器具や、汚れが少ない食材の外包装などの除菌に使用すべきである。ビグアナイド系除菌剤は、有機物の影響を比較的受けにくい。

2) 菌　数

汚染菌数が高いと、十分な除菌効果が得られないことがある。**図 5.7** は、模擬的にベーコンに乳酸菌を付着させた後にアルコール製剤に浸漬し、浸漬時間ごとの菌数を調べたものである。通常の検査条件である 10 個/g の感度で菌が未検出となる浸漬時間は、付着菌数が 100 個/g の場合が 5 秒であるのに対して、付着菌数が 10,000 個/g の場合には 10 分近くを要している。作業性などから、実用的な浸漬

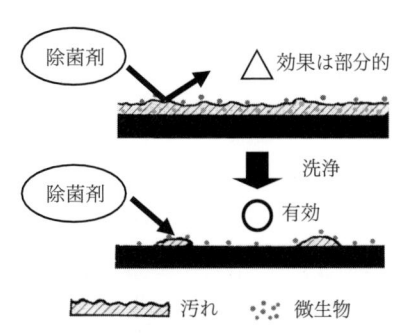

図 5.6 前洗浄（予洗い）の重要性[2]

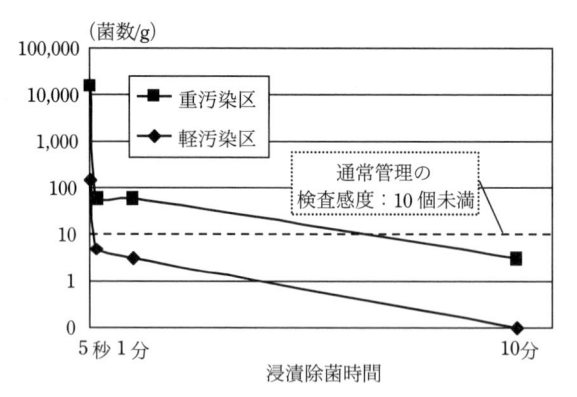

図 5.7　アルコール製剤によるベーコン付着乳酸菌の除菌効果[3]

表 5.5　市販除菌剤の濃度と除菌時間の関係[4]

供試薬剤	濃度（％）	接触時間（分）							
		1	3	5	10	15	20	30	60
ビグアナイド系 20%ポリヘキサメチレン ビグアニジン塩酸塩	0.4	○	○	○	○	○	○	○	○
	0.2	×	○	○	○	○	○	○	○
	0.1	×	×	×	○	○	○	○	○
	0.05	×	×	×	×	×	×	×	○
第四級アンモニウム塩 10%塩化ベンザルコニウム	0.4	×	○	○	○	○	○	○	○
	0.2	×	○	○	○	○	○	○	○
	0.1	×	×	×	○	○	○	○	○
	0.05	×	×	×	×	×	×	×	×
両性界面活性剤 10%アルキルジ（アミノエチル） グリシン塩酸塩	0.4	×	×	×	○	○	○	○	○
	0.2	×	×	×	×	○	○	○	○
	0.1	×	×	×	×	×	×	×	○
	0.05	×	×	×	×	×	×	×	×
塩素系 次亜塩素酸ナトリウム （有効塩素濃度）	(200ppm)	×	○	○	○	○	○	○	○
	(100)	×	×	×	×	×	×	×	○
	(50)	×	×	×	×	×	×	×	×
	(25)	×	×	×	×	×	×	×	×

供試菌：緑膿菌（*Pseudomonas aeruginosa*）
×：菌が発育　○：菌が死滅
網かけ部分は標準有効濃度を示す

時間が1分程度であることを考慮すると、重度に汚染された場合には除菌が不合格となってしまう。器具、機械などの製造ラインについても、日々の管理でいかにして除菌すべき菌数を増やさないか、ということが肝心である。

3)　薬剤濃度と接触時間

表 5.5 に、除菌剤の濃度と接触時間の除菌効果との関係を示す。標準の濃度はビグアナイド系、第四級アンニウム塩、両性界面活性剤が 0.2〜0.4％、次亜塩素酸ナトリウムが 200ppm であるので、約3分以上の接触時間が必要である。従って、例えば右手にスポン

ジ、左手にホースを持ってといったような、洗い流しながらの洗浄・除菌操作では、見かけはきれいになるが除菌は不十分であり、接触時間を確保できるような手順とする必要がある。また、決められた濃度以下では効果不足となってせっかくの作業が無駄となり、決められた濃度以上では経費の無駄となる。

4) 金属イオン

井戸水などでは、鉄、カルシウム、マグネシウムなどの金属イオンを多く含む場合がある。金属イオンは、洗剤の泡立ちや洗浄効果に影響すると同時に、除菌剤とも反応して効力が低下するので、希釈水だけはできるだけ水道水の使用をおすすめする（すすぎ水は衛生的であれば井戸水でかまわない）。

5) pH

pHによって除菌効果が変わる代表例は、次亜塩素酸ナトリウムである。次亜塩素酸ナトリウムは、安定化のためにアルカリ性に調整されており、希釈液のpHが中性から酸性になると次亜塩素酸の割合が高くなり、除菌効果が発揮される。ただし、pHが5以下では塩素ガス発生の危険性があり、pH6～7で使用することが作業環境と効力の点で望ましい。合成除菌剤はpHの影響を受けにくいが、pHが高いほうが除菌力は高い傾向にある。いずれにしても、自己流でpHを調整することはやめるべきである。

6) 温　度

洗浄・除菌効果は、一般の化学反応と同様に、温度が高いほど高くなる。ただし、水温があまり高いと餅生地などは糊になって洗いにくいことがあり、また火傷の危険性もあるため、作業性を優先した適温とすべきである。次亜塩素酸ナトリウムなどの塩素系の除菌剤は、温度が高過ぎると短時間に有効成分が飛散し、塩素臭の問題もあるため、40℃以上に液温を上げることは避けるべきである。その他の除菌剤も、鉄などの腐食しやすい材質の器具を長く高温の液に浸漬すると、通常よりさびが発生しやすくなる。

7) その他の薬剤（イオン性物質）

洗浄力や除菌力を高めたいために、使用者がその他の薬剤と混合することがあるが、これは絶対避けるべきである。除菌剤の白濁や分離、目に見えない現象としての致命的な除菌力の低下を招く。**表5.6**のように、ビグアナイド系、第四級アンモニウム塩、両性界面活性剤などの合成除菌剤は陽イオン分子を持つために、陰イオン分子を持つ次亜塩素酸ナトリウムや、中性洗剤などとも反応する。複数の洗剤、除菌剤で段階的に洗浄・除菌を行う場合には、前段階で使用した薬剤との混合を避けるために、中間に簡単な水すすぎが必要である。

8) 希釈後の管理

除菌剤を希釈すると、徐々に効果が低下することが知られており、次亜塩素酸ナトリウ

表 5.6　合成除菌剤と次亜塩酸ナトリウム（ソーダ）

合成除菌剤 （陽イオン系）	次亜塩素酸ナトリウム （陰イオン系）
（長所） ・汚れに強い ・強力な殺菌力 ・刺激性が低い ・腐食性が低い	（長所） ・安価 ・食品（原料）に直接触れてもよい（食品添加物） （但し、実質すすぎが必要）
（欠点） ・高価 ・食品（原料）に直接触れてはいけない	（欠点） ・汚れに弱い（効果が激減） ・刺激が強い（塩素臭） ・pHの影響を受ける （pH5以下では塩素ガス発生の危険性あり） ・腐食性が強い

混合は不可（殺菌力が失われる）
（粘稠な反応物ができる場合もある）
合成除菌剤の陽イオン（＋）⇔（－）次亜塩素酸の陰イオン

$$[\bigcirc\text{-}CH_2\text{-}\underset{CH_3}{\overset{CH_3}{N}}\text{-}C_nH_{2n+1}]^{\oplus} \cdot Cl^- \quad\cdots\cdots\quad OCl^{\ominus}\ Na^+$$

　　　塩化ベンザルコニウム　　　　　　　　次亜塩素酸ソーダ

ムは顕著である。従って、使用する直前に調整し、当日中に使い切ることが基本である。また、除菌剤に抵抗性のある菌が、増殖はしないものの蓄積する可能性があるため、タンクなどに作り置きする場合には、清潔な状態が保てることを前提とすべきである。また、器具などを漬け込む除菌槽なども、清掃せずに注ぎ足しを繰り返していると、極端な場合には抵抗菌の巣になりかねない。

9) 金属等への腐食性

水が鉄や銅を腐食させるのと同様に、洗剤、除菌剤にも金属に対する腐食性がある。金属腐食性はpHに左右され、例えばアルミニウムでは、無機酸系や強アルカリ性洗剤での腐食が著しい。食品工場で使用される除菌剤は、金属腐食性の強いものは少なく、また装置、器具類がステンレス製であれば全く問題はない。ただし、刃金では鉄、口金などでは銅の材質が使われているため、浸漬処理をする場合にはさびの発生に注意が必要である。次亜塩素酸ナトリウムはやや腐食性が強く、長期的には木、ゴム、布を腐食させる場合もある。

10) 廃水処理

廃水処理で一般的な活性汚泥処理は、細菌、原生動物などの微生物によって廃水中の汚物を消化することにより処理されており、これらの微生物の生存、増殖を阻害するほどの

除菌剤が廃水中に含まれていると支障が生じる。処理槽の容量とも関係するが、通常は、できるだけ集中した放流を避けることと、水量を増やして希釈するなどの対策がとられる。また、放流する前に除菌剤を予め不活性化処理する場合もある。各種除菌剤のなかで、ビクアナイド系は活性汚泥菌に比較的影響が少ないといわれている。活性汚泥処理への影響問題は、大体が洗剤、除菌剤を指定よりも高い濃度で使用する場合、つまり使い過ぎの場合が多い。

11) 安全性

アルカリ性洗剤は皮膚や粘膜への刺激性が強く、特に強アルカリ性洗剤は劇物に指定されていることが多く、取り扱いに十分注意しなければならない。次亜塩素酸ナトリウムは上述の塩素ガスの発生や刺激性、過敏性に注意しなければならない。アルコールや合成除菌剤は、低毒性であり手荒れなどが見られる程度である。ただし、眼や気管支などの粘膜刺激性があるため、大量に噴霧するときには安全めがね、ゴーグルやマスクを着用して作業を行う。

5.4 洗浄・除菌の実際

上述のような特徴、性質を考慮した各種洗剤、除菌剤の選定や洗浄・除菌の手順の設定、および検証方法などについては、メーカーなどに相談してそれぞれの現場の事情に合わせてカスタマイズしていく必要があるが、ここでは共通する基本について説明したい。

(1) 洗浄・除菌方法

図 5.8 に、手作業で行う洗浄・除菌方法として、製造中や切り替え時の噴霧、拭き上げ、

＜噴霧＞
作業中や切り替え、装置の組み立て時にアルコールを流れるほど噴霧しないと、十分な効果が出ない。

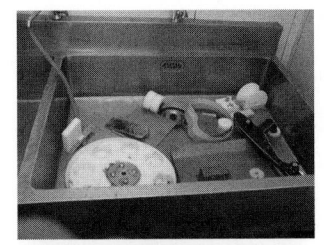

＜漬け込み＞
汚れを浮かせ、洗剤、除菌剤を浸透させる。
長時間浸漬すると、効果が高い。漬け込み前に大きな残渣を除いておくこと。

＜拭く＞
アルコール含浸タオル・ダスターが簡便で確実。除菌面が乾燥したり、汚れている場合は効果が低い。

＜こすり洗い＞
手動洗浄の基本。適切な大きさや硬さのブラシ、スポンジを選んで、万遍なくこすり洗う。漬け込み後に行うとムラが少なくなる。

図 5.8 洗浄・除菌方法の特徴と注意点

製造後の部品の漬け込み、こすり洗いの特徴と注意点を示した。ほかにも可搬式の発泡洗浄機による洗浄などがある。拭き上げやこすり洗いは確実であるが、手間がかかり、また、すべての箇所に手が行き届くことは不可能なので、漬け込みや泡洗浄と組み合わせる。洗浄の前に数分以上漬け込みをしてからこすり洗いすることや、洗浄後に一晩漬け込んで翌朝に水すすぎすることなどが行われている。

(2) 洗浄・除菌の手順

図5.9が洗浄・除菌の基本手順で、下洗いのときには、いきなり水流で残渣を洗い流さずに、まずは大きな残渣だけは手やヘラなどで取り除くと効率的である。洗浄・除菌剤で洗浄と除菌を同時に済ませることができる箇所が大部分ではあるが、固形油脂汚れなどの重度の汚れの箇所は、まずアルカリ性洗剤などの専用洗剤で汚れを落とした後に、除菌剤または洗浄・除菌剤で除菌する方法がとられる。最大のポイントは、衛生的に重要な箇所については特に除菌操作を2回以上繰り返すこと、すすぎの後によく乾燥させること（乾燥時間がとれないときは、十分にアルコール製剤を噴霧してから機械に組み付けること）により、残留する菌の増殖を抑えることである。

また、除菌による衛生化を進めていくと、今までは目立っていなかった除菌剤が効きにくい菌だけが生き残り、死滅、または減少した他の菌との生存競争もなくなるために、むしろその菌がはびこることとなり、あたかも抵抗性菌が出現したかのように見えることがある。このようなときには、まずは洗浄・除菌の手順が適切に行われているかどうかの再点検と、抵抗菌を特定して、有効な除菌剤と適切な除菌方法を選び直している。

図5.10に洗浄・除菌作業の流れを示した。上記の留意点のほかに、洗浄後の部品の漬け込みに使用して残った除菌剤の液を、床の除菌などへ有効に活用していただきたい。2連シンクでの洗浄手順の応用例が表5.7である。3連シンクが理想ではあるが、ほとんどの場合は難しいので台車ワゴンなどを利用している。ポイントは、洗浄の前にシンクを掃除すること、洗浄済みの部品を受ける番重などの容器は、アルコール製剤で除菌した上に清潔なシートを敷いて汚染を防ぐこと、使い終わった掃除道具をきちんと始末することである。

いくつかのケースに分けた装置類の洗浄・除菌の一般手順を表5.8～表5.11にまとめた

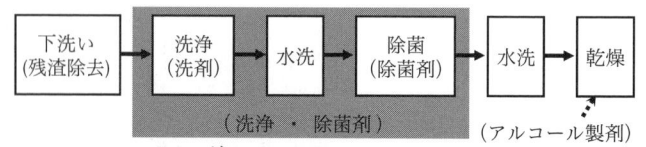

下洗い(残渣除去) → 洗浄(洗剤) → 水洗 → 除菌(除菌剤) → 水洗 → 乾燥

（洗浄・除菌剤）　（アルコール製剤）

＊基本：洗って、除菌、そして、乾かす
＊除菌を繰り返す（残存した菌はまた増える）

図5.9　洗浄・除菌の基本手順

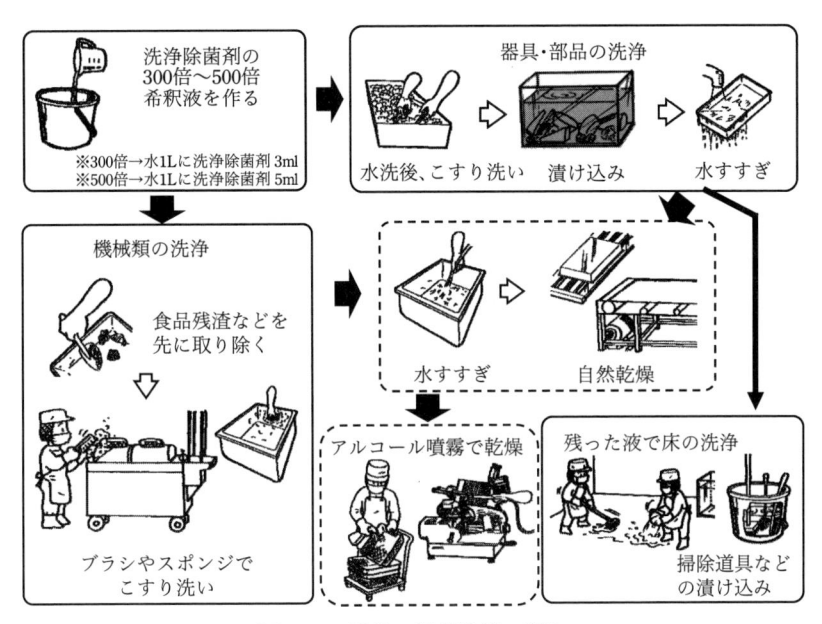

第 5 章　食品製造と化学薬剤（洗浄剤・除菌剤）

図 5.10　洗浄・除菌作業の流れ

表 5.7　2 連シンクでの部品洗浄手順（例）

1)	シンクの洗浄	＜両方のシンク＞洗浄除菌剤でこすり洗いし、水ですすぐ
2)	シンク水張り	＜両方のシンク＞水、または温水を張り上げる
3)	部品分解	部品を分解し、番重やワゴンに取り、シンクまで運ぶ
4)	洗剤投入	＜右シンク＞所定量の洗浄除菌剤を加える
5)	部品洗浄	＜右シンク＞手で取れる残渣を除きながら部品をシンクに漬ける（できるだけ漬け込み時間をとり、汚れを浮かす）。こすり洗いして左シンクへ移す（こすり洗いに適切なブラシを選ぶこと）
6)	部品すすぎ	＜左シンク＞水を出しながら溜め水で部品をすすぎ、シートを敷いた清潔な番重などに取る（部品は、アルコールを噴霧しながら、ラックなどへ移し乾燥させるか機械本体へ組み付ける）
8)	シンクの洗浄	＜両方のシンク＞トラップの残渣を除き、洗浄除菌剤でこすり洗いし、水ですすぐ（同時にブラシ保管容器も洗う）
9)	ブラシ保管	ブラシを水ですすいで、保管容器に漬け込み、シンク下に置く

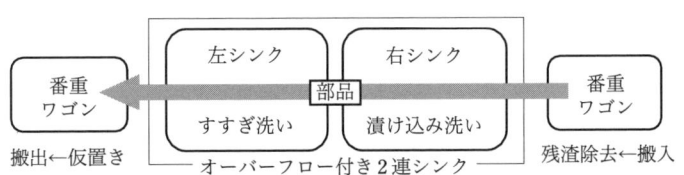

表 5.8 装置類の洗浄・除菌の一般手順 (1)

＜ケース1＞ 分解、こすり洗いが可能な機械で、除菌剤をかけたまま一晩放置できる場合

工　程	作業手順
＜作業終了＞	
1) 分解	
2) 下洗い	ブラシ等を用い、水で大きな汚れを落とす
3) 洗剤洗い	弱アルカリ洗剤（クリーントップ B.N 100 倍液）を使用、ブラシ等でこすり洗い
4) すすぎ	水で洗剤、汚れをよく洗い流す
5) 除菌	本体の各箇所に除菌剤（バントシル IB 300 倍液）をかける 部品を除菌剤（バントシル IB 300 倍液）に浸漬しておく
＜翌日作業前＞	
6) 水洗い・水切り	
7) アルコール除菌 　 組み立て	アルコール製剤（ET-N 原液）を噴霧、さらにアルコール製剤を含ませたタオルで拭きながら、組み立てる
＜作業開始＞	

表 5.9 装置類の洗浄・除菌の一般手順 (2)

＜ケース2＞ 除菌剤をかけたまま翌日まで放置できない場合

工　程	作業手順
＜作業終了＞	
1) 分解	
2) 下洗い	ブラシ等を用い、水で大きな汚れを落とす
3) 洗浄・除菌＊	洗浄・除菌剤（バントロポール G 300 倍液）を使用、ブラシ等でこすり洗い。部品はシンク内で数分漬け込み後、こすり洗い
4) すすぎ・水切り	水でよく洗い流し、水切り
5) アルコール除菌 　 乾燥	アルコール製剤（ET-N 原液）を噴霧、さらにアルコール製剤を含ませたタオルで拭き上げ、乾燥させる
＜翌日作業前＞	
6) アルコール除菌 　 組み立て	アルコール製剤（ET-N 原液）を噴霧、さらにアルコール製剤を含ませたタオルで拭きながら、組み立てる
＜作業開始＞	

＊洗浄・除菌剤では取れない汚れの箇所は、アルカリ洗剤等、専用洗剤で汚れを落としてから、洗浄・除菌をする

第5章　食品製造と化学薬剤（洗浄剤・除菌剤）

表 5.10　装置類の洗浄・除菌の一般手順 (3)

＜ケース3＞　除菌剤をかけたまま翌日まで放置できず、機械も組み立てておく必要がある場合

工　程	作業手順
＜作業終了＞	
1) 分解	
2) 下洗い	ブラシ等を用い、水で大きな汚れを落とす
3) 洗浄・除菌＊	洗浄・除菌剤（バントロポールG 300倍液）を使用、ブラシ等でこすり洗い。部品はシンク内で数分漬け込み後、こすり洗い
4) すすぎ・水切り	水でよく洗い流し、水切り
5) アルコール除菌 組み立て	アルコール製剤（ET-N原液）を噴霧、さらにアルコール製剤を含ませたタオルで拭きながら、組み立てる
＜翌日作業前＞	
6) アルコール除菌	アルコール製剤（ET-N原液）を噴霧、さらにアルコール製剤を含ませたタオルで拭き上げる
＜作業開始＞	

＊洗浄・除菌剤では取れない汚れの箇所は、アルカリ洗剤等、専用洗剤で汚れを落としてから、洗浄・除菌をする

表 5.11　装置類の洗浄・除菌の一般手順 (4)

＜ケース4＞　分解、こすり洗いができない機械

工　程	作業手順
＜作業終了＞	
1) 下洗い	機械を観察し、残渣等があれば除去し、カビ等微生物の巣を作らせない。ジェッター（低水圧）を用い、水で大きな汚れを落とす
2) 泡洗浄・除菌＊	泡洗浄・除菌剤（VTフォーム 350倍液）を使用、発泡機（低圧ジェッター＋発泡ノズル）で泡を吹き付けた後、5分以上放置する
3) すすぎ	水でよく洗い流す
4) アルコール除菌 乾燥	アルコール製剤（ET-N原液）を噴霧、乾燥させる
＜翌日作業前＞	
5) アルコール除菌	アルコール製剤（ET-N原液）を噴霧
＜作業開始＞	

ので、雛型として参考にしていただきたい。

(3) 洗浄・除菌の管理

　手順書には洗浄・除菌方法以外に、洗浄箇所が特定できることと、**図5.11**のように、問題がなくても最低限の洗浄頻度を規定しておくとよい。また、洗浄ができているかどうかの確認方法と判定基準も記載することが望ましい。

　確認方法としては、菌検査（拭き取り検査、落下菌検査）が確実であり、例えば、最も清潔度を要求される包装室などでの拭き取り検査では、判定値を200個未満が合格域（クリーンルーム内では10個未満）、1万個未満が危険域、1万個以上が不合格域、などと規定している。また、残留するタンパク汚れなどの検査キットやATP検査機は、菌数と関連

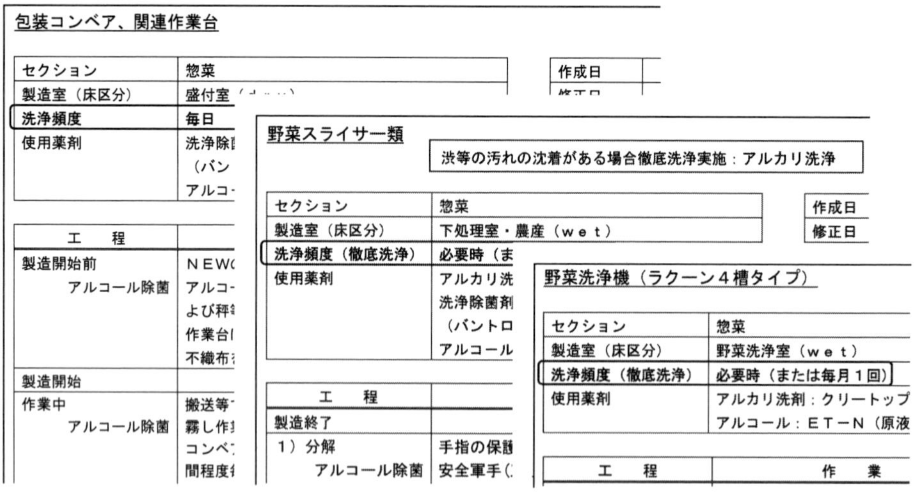

図 5.11　手順書における洗浄頻度の設定（例）

表 5.12　洗浄・除菌剤の識別・管理方法（例）

洗浄薬剤	呼び名	製品の色 （製品荷姿）	標識 識別色	保管場所 （管理者）	（製造室搬入） （設置の有無） 搬入・設置形態 使用方法等 （管理者）
バントロポールG （洗浄除菌剤）	バントロ	緑色 （20kg キュービテナー）	緑色	保管庫 （品管）	（設置） 製品キュービテナー 使用時希釈 （製造部・社員）
ダイバークリーン （中性洗剤）	中性洗剤	薄黄色 （4kg ポリ容器）	青色	保管庫 （品管）	（設置） 製品ポリ容器 希釈液サーバー 希釈液、使用時希釈 （製造部・社員）
クリーントップB （アルカリ洗剤）	アルカリ	薄黄色 （18kg 缶）	赤色	保管庫 （品管）	（使用時・非設置） 専用容器で必要量 使用時希釈 （製造部・社員）
ET-N （アルコール製剤）	アルコール	無色 （15kg 缶）	なし	保管庫 （品管）	（設置） 製品缶 サーバーへ移し替え 原液 （製造部・社員）
サンラックP （次亜塩素酸ソーダ）	ジアソ	薄黄色 （20kg キュービテナー）	黄色	保管庫 （品管）	（使用時・非設置） 専用容器で必要量 使用時希釈 （製造部・社員）

付けることが難しい場合があるものの、その場で判定できるために利用されている。また、洗浄・除菌剤のすすぎの確認としては、除菌剤の濃度や残留を調べる試験紙が、次亜塩素酸ナトリウム、第四級アンモニウム塩、ビグアナイドでそれぞれ市販されている。また、アルカリ性洗剤や酸性洗剤の残留確認は、pH試験紙でできる。

取り違いによる不都合や、誤った混合による事故（例えば、次亜塩素酸ナトリウムと酸性洗剤の混合による塩素ガスの発生）を防ぐために、現場での簡便で統一された呼び名、識別色（製品やラベルの色により規定）、保管場所や管理者、希釈する担当者を決めた**表5.12**のような洗浄・除菌剤の識別・管理表（写真を貼った簡単でわかりやすいものでよい）を作って、洗浄・除菌の手順書と関連付けをしておくとよい。

(4) 洗浄・除菌の実例

実例を簡単に紹介すると、**図5.12**は、生原料仕込み室から冷却機前のエリアでの洗浄・除菌と検査の状況である。サニタリーパイプのパッキン面、サイレントカッターのスクレーパー（弓）、肉送りのバースポンプ・スクリューは、加熱前の生原料の箇所であるために、水洗いだけでは百万個以上の菌が残っていたが、除菌後には概ね数百以下に減っている。ただし、こすり洗いができないスクリュー部分の除菌は1万個以上と不十分であったため、漬け込み時間をとることとした。加熱品を冷却機へ運ぶネットコンベアは衛生的に重要な箇所で、泡洗浄・除菌により残留菌はすべて200個未満となった。**図5.13**は、床への除菌剤散布の前後での落下菌を調べたもので、包装室でも、除菌前には数十個程度の細菌と10個前後のカビが検出されていたが、除菌剤の散布後にはほぼ数個となっており、床の除菌が有効であることがわかる。

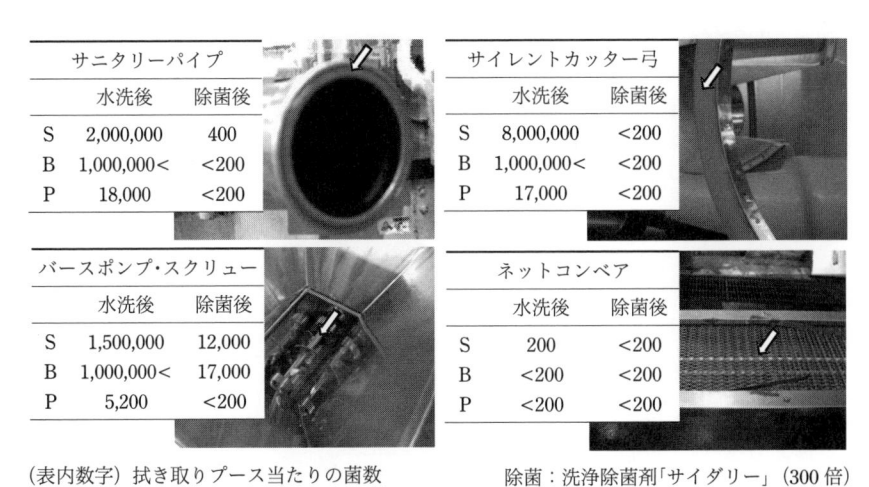

サニタリーパイプ	水洗後	除菌後
S	2,000,000	400
B	1,000,000<	<200
P	18,000	<200

サイレントカッター弓	水洗後	除菌後
S	8,000,000	<200
B	1,000,000<	<200
P	17,000	<200

バースポンプ・スクリュー	水洗後	除菌後
S	1,500,000	12,000
B	1,000,000<	17,000
P	5,200	<200

ネットコンベア	水洗後	除菌後
S	200	<200
B	<200	<200
P	<200	<200

（表内数字）拭き取りブース当たりの菌数
（表内記号）S：一般細菌、B：乳酸菌、P：真菌類

除菌：洗浄除菌剤「サイダリー」（300倍）

図5.12 洗浄除菌の検証例

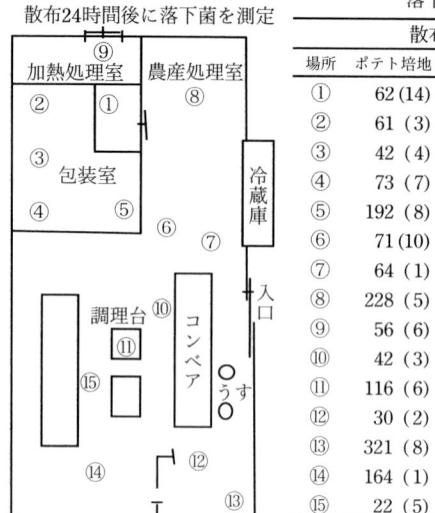

	落下菌数（うちカビ数）			
	散布前		散布後	
場所	ポテト培地	普通寒天	ポテト培地	普通寒天
①	62 (14)	20 (10)	1 (1)	0 (2)
②	61 (3)	27 (16)	5 (1)	2 (0)
③	42 (4)	15 (4)	4 (1)	0 (0)
④	73 (7)	7 (7)	0 (0)	0 (0)
⑤	192 (8)	31 (7)	0 (0)	0 (3)
⑥	71 (10)	29 (8)	5 (0)	4 (2)
⑦	64 (1)	22 (21)	2 (0)	0 (0)
⑧	228 (5)	72 (14)	4 (1)	0 (0)
⑨	56 (6)	19 (12)	13 (0)	5 (2)
⑩	42 (3)	13 (9)	1 (0)	0 (2)
⑪	116 (6)	88 (3)	6 (0)	0 (3)
⑫	30 (2)	16 (3)	1 (0)	0 (0)
⑬	321 (8)	211 (3)	1 (2)	1 (0)
⑭	164 (1)	51 (3)	1 (1)	0 (0)
⑮	22 (5)	8 (4)	0 (0)	5 (1)

図 5.13 除菌剤散布前後の落下菌の消長

　食品工場の洗浄・除菌について、基本的な概要と使用方法を説明したが、食中毒や変敗苦情の発生防止のためには、より現実的な手順を設定して継続徹底することが重要である。また、成果は作業者の意識に大きく影響されるため、手洗いや身支度などの所作をその起点とすべきである。苦情などの問題意識に加えて、目的をよく説明して、目標が検査結果などから達成できている場合には、作業者をほめることもモチベーションの維持のために必要なことである。

参 考 文 献

1) 井上哲秀、西野甫：食品プラント洗浄殺菌マニュアル　p47、サイエンスフォーラム (2006)
2) 河端俊治、春田三佐夫、細貝祐太朗（共編）：実務食品衛生　p284、中央法規出版 (1987)
3) 畑中和憲：食品と科学　12(37)、101 (1995)
4) 辻　薦ら：食品工場の洗浄と殺菌　p223、日本衛生技術研究会 (1978)

（小堺　博）

第6章　食品工場の賞味期限管理とRFID（IC無線タグ）を使ったトレーサビリティシステム

　今、食品業界の「食の安全・安心」を確保するため、いろいろなハザード管理が施されている。その1つが「消費期限・賞味期限管理」であり、2つ目が食材の生産地から消費者までの "from Farm to Table" の「トレーサビリティ (traceablity)」である。今回、パソコンERP*パッケージソフト（図6.1）で運用されているコンピューターシステムの観点から、この2点についての考察を述べる。

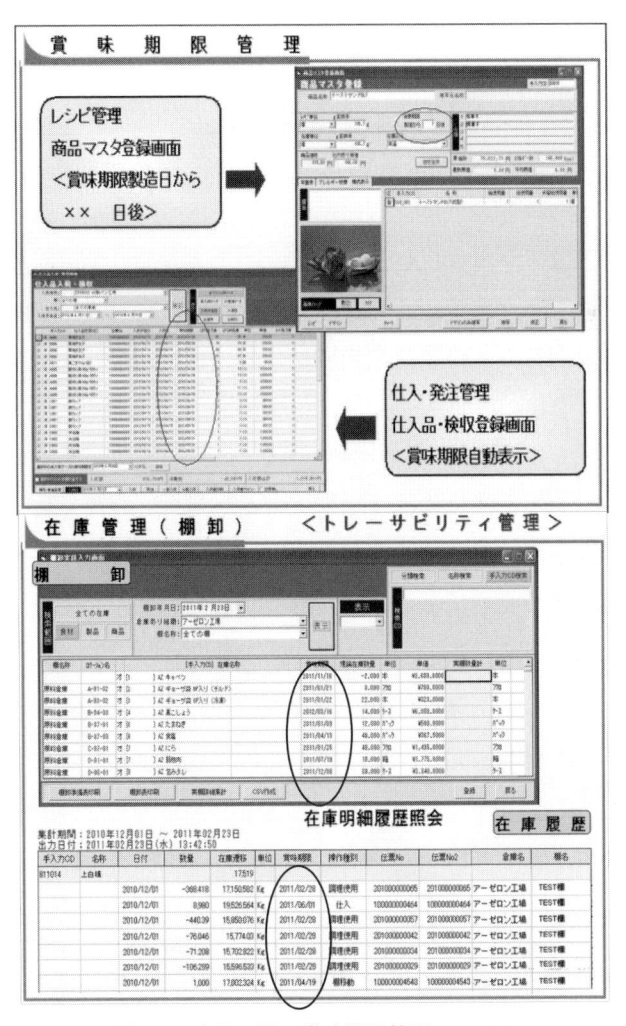

図6.1　食品工場の賞味期限管理システム

現在、食品工場で使われている消費・賞味期限管理は、食材の入荷時の消費・賞味期限の日付けチェックと記録、そして、製品（商品）の出荷時に社内規格に則り、消費・賞味期限の日付を商品ラベルに表示しているだけである。

　同様に、トレーサビリティについても入荷時の生産地・生産者と生産年月日・製造年月日を入力し、出荷時に製造LOTナンバーまたは出荷LOTナンバーを譜番するだけである。このため、ユーザーからのクレームが入ったときの調査に時間がかかっている。

　これらの問題点を解決してくれるのが、RFID＊（IC無線タグ）を使ったERPパッケージソフト[注1]である。

> ＊ERP：Enterprise Resouce Planning；経営基幹統合化ソフト。販売・製造の標準機能を持ち、データベースの一元管理ができるパッケージソフト。
> ＊RFID：Radio Frequency Identification；各種情報を記録した極小チップで、商品などの「モノ」に付け、読取センサーを介してチップと無線で交信し、離れたところから「モノ」の流れや付帯情報の管理ができる。

6.1　生産管理での消費期限・賞味期限管理の仕方

　まず注意しなければならないのは、入荷時の食材がすべて同じ消費・賞味期限日であればよいが、複数の仕入業者から仕入れる場合や、同一業者でも全量同じ生産地・生産者のものかわからない場合が多々ある。そのため、入荷時に消費・賞味期限日ごとの「分割入荷」と、消費・賞味期限日ごとの入荷棚の「ロケーション棚管理（棚番管理）」が必要になる（図6.2）。

　次に、製造時に投入される食材は、いつも消費・賞味期限日がついてまわる。異なる消費・賞味期限日の食材を使う場合には、出来上がった製品の消費・賞味期限管理は一番古い消費・賞味期限日を基準にしなければならない。これまでは、製造日を基準にした工場独自の消費・賞味期限日を決めてきたが、今後は、いつも投入食材の「消費・賞味期限日

バーコード＆RFID併用型携帯端末　　　ロケーション棚

図6.2　入荷時のロケーション棚管理図

時」を意識して、それらの日時を設定しなければならない。

　さらに、食品倉庫の「賞味期限切れ」を意識しなければ、膨大な「在庫ロス」が発生し、製品（商品）原価が上がってしまう。そのため、生産計画または製造計画で"MRP*（Material Requirements Planning：食材所要量計算）"を回して、必要な食材だけを発注する仕組みが必要になる。これは、これまでの在庫を見ながら発注する「どんぶり勘定」的な、「経験と感」による発注方式が使えなくなることを意味している。

　従って、消費・賞味期限管理もトレース（trace：履歴）しなければならない。特に、仕掛製造工程にある仕掛品の先入・先出管理が徹底していないと、「消費・賞味期限切れ」が発生し、即、製品（商品）原価 UP となる。

　さて、ここで一番注意しなければならないのは「生鮮品」である。入荷⇒入荷棚（ロケーション棚）に入れず、製造現場に直接投入する場合が多く、消費・賞味期限管理の関門であるロケーション棚を通過しないため、在庫管理がきっちりできないケースが多発している。

　また、多くの工場では、入荷・出荷管理にバーコード管理を使用しているところが多いようであるが、消費・賞味期限管理をキッチリやるには不向きである。理由は「バーコードスキャン」の手間が大変なことで、特に、惣菜・弁当工場のような、手作業の多い製造工程でのバーコードスキャンは大問題である。これを解決するのが RFID（IC 無線タグ）である。

　まず、入荷時に全入荷食材に ID を譜番する。次に、使いまわしのできる「RFID ラベル」を発行し、入荷食材に貼り付けるのであるが、実際には食材を入れた容器（番重等）に貼り付けることになる。

　各製造工程には、バーコードスキャナーの替わりに「リーダーライタ」と呼ばれる無線レシーバーを設置し、食材が製造現場に届いたら、自動的に「食材名」、「生産地・生産者」、「生産日時・製造年月日」「消費・賞味期限日時」、「入荷日時」、「製造工程名」、「投入数量」、を読み取る。同時に、「現場投入日時」と「製造担当者」の ID を読み取る。そして、「出来上がり製品数量」と「出来上がり日時」を入力し、次の工程に回すのである。出来上がり製品数量を自動計量するには工場 POP（図6.3）[注2]を利用する。これを利用すると、製造工程の進捗状況が刻々と見える、つまり、製造工程の「可視化」ができる。

　また、「工場 POP*」は製造工程での製造指示を画面で見たり、HACCP の現場温度を自動計測・入力できる。

図 6.3　工場 POP
（資料提供：(株)イシダ）

＊MRP：生産計画を立案するときに、各製造工程の歩留率を考慮して、ある一定期間に製造する商品群をレシピ展開にて食材の必要数量を算出し、在庫量や発注残数を差し引き、発注食材数量を算出する方法。

＊POP：Point of Production（別名；生産時点情報管理）工場現場の時々刻々と発生する生産情報を、その情報発生源である機械・設備・作業者・ワーク（加工対象物）の４つのところから直接（ペーパーレス）に採取し、リアルタイムに情報処理をして、現場管理者に提供すること。また、現場管理者の判断の結果を現場に指示すること。1981 年に山口俊之氏（（株）戦略情報センター POP 研究所所長）が提案、実用化した。

6.2　食品工場のRFID（IC無線タグ）を使ったトレーサビリティ管理の仕方

これから主流になるであろう「RFID（IC 無線タグ）」を使った、食品工場でのトレーサビリティシステムを紹介する。必要なのは次のようなものである。

① 一元管理のできるデータベース：リアルタイムな情報管理を可能にする。

食品製造・加工業向け RFID 対応の ERP パッケージソフトがお勧めである。

② UHF 帯 RFID（IC 無線タグ）（使い回しできるコーティング加工した RFID または RFID プリンターで発行した RFID）（図 6.4）

③ UHF 帯受信アンテナセット（リードライタ）

④ RFID データ取り込みミドルウェアソフトとパソコンサーバー

⑤ データ取り込み用携帯端末（バーコード＆RFID 併用型）

⑥ バーコードプリンター

次に、運用面での各工程の注意点は、次のとおりである。

1)　レシピ

① 商品レシピは製造工程名の入ったツリー構造であること（図 6.5）。

② 商品レシピには、使用する包材と添付する副材も含まれていること。

③ 使用する食材のアレルギー物資・トランス脂肪酸がどの工程でも識別できること。

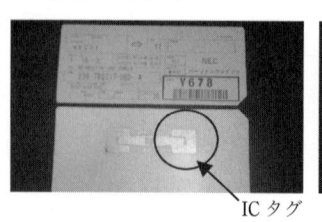

①使いまわし可　　　　　②使いまわし可　　　　　③使いまわし不可

ICタグ　　　　　　　　　　　　　　　　　　　　　　　ICタグ

＜500 回書き換えシート＞　　＜ラミネートカード＞　　＜荷札ラベルシート＞

図 6.4　食品工場で使用される RFID のサンプル
（資料提供：日本電気（株））

2) 入　荷
   ① 入荷時、食材にバーコード・二次元バーコードや RFID の ID コードがついている場合は、バーコード＆RFID 併用型携帯端末で読み込み、自社の食材コードと工場独自の ID コードを譜番する。同時に生産地・生産者、生産日時・製造年月日、消費・賞味期限日時を記録すること。〈入荷管理〉

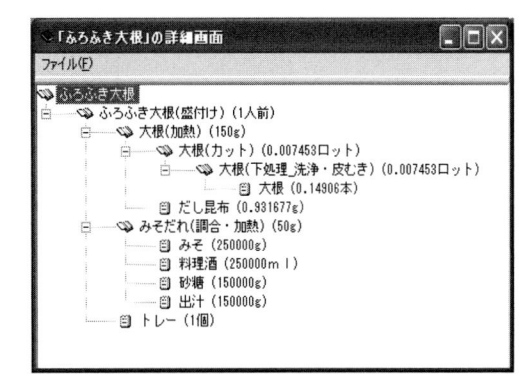

図 6.5　ツリー構造のレシピ図

   ② 入荷時、食材に何も認識コードのついていない場合は、入荷伝票ナンバー、自社食材コードと工場独自の ID コードを譜番する。同時に生産地・生産者、生産日時・製造年月日、消費・賞味期限日時、入荷日時を記録すること。〈入荷管理〉
   ③ 入荷受入場所、保管場所（ロケーション棚：一時保管場所、常温庫、冷蔵庫、冷凍庫）に ID コードを譜番する。保管場所での食材の受入・払出の日時・数量、作業者を記録すること。〈保管場所・ロケーション棚の在庫管理〉
   ④ 入荷場所から保管場所への移動用カゴ車やパレット等の搬送容器に ID コードを譜番する。〈食材の小分け管理〉
   ⑤ 従事する従業員の ID コード。〈担当者管理〉
3) 製　造
   ① その日製造する製品に製造ロット No. を譜番する。〈製造ロット No. 管理〉
   ② 製造工程名、製造機器に ID コードを譜番する。〈ツリー構造の製品レシピ管理〉
   ③ 製造中に使うカゴ車やパレット・番重等の移動用搬送容器に ID コードを譜番する。〈ツリー構造の製品レシピ管理〉
   ④ 従事する従業員の ID コード。〈担当者管理〉
4) 包装／盛り付け
   ① 包装工程名／盛り付け名、包装機器、包装容器、配膳機器等の包装／盛り付け機材に ID コードを譜番する。〈ツリー構造の製品レシピ管理〉
   ② 包装された最終製品、盛り付けされた最終製品にはバーコード表示されたラベルを貼付する。〈出荷商品 No. 管理〉
   ③ 最終製品を入れる容器（番重・パレット）や、回収容器（オリコン・ホテルパン等）には RFID を使用、非回収の段ボールにはバーコードを使用する。〈回収容器の管理〉

④　従事する従業員のIDコード。〈担当者管理〉
5)　ピッキング・出荷
　　①　ピッキング場所・棚名、機器名、使用する容器（番重・パレット）、段ボール、運搬機器（オリコン・カゴ車・ホテルパン等）、出荷場所名にIDコードを譜番する。バーコード付き出荷伝票を発行する。〈出荷管理〉
　　②　データ取り込み用携帯端末使用。〈バーコード＆RFID併用型〉
　　③　従事する従業員のIDコード。〈担当者管理〉
6)　配　送：
　　①　配送車にIDコードを譜番する。〈配送車積載物管理〉
　　②　データ取り込み用携帯端末使用。〈バーコード＆RFID併用型〉
　　③　配送車の庫内温度を記録する。〈HACCP管理〉
　　④　運転者のIDコード。〈担当者管理〉

図6.6に、食品工場の賞味期限管理とRFIDを使ったトレーサビリティシステムの流れを示した。

以上の各工程では、従業員IDで作業着手時間や終了時間、配送では運転者IDで配送時間の管理ができ、商品（製品）の個別原価管理の人件費が正確に捕捉できるようになった。このようにRFID（IC無線タグ）は、勤怠管理にも使用されており、全従業員にIDが

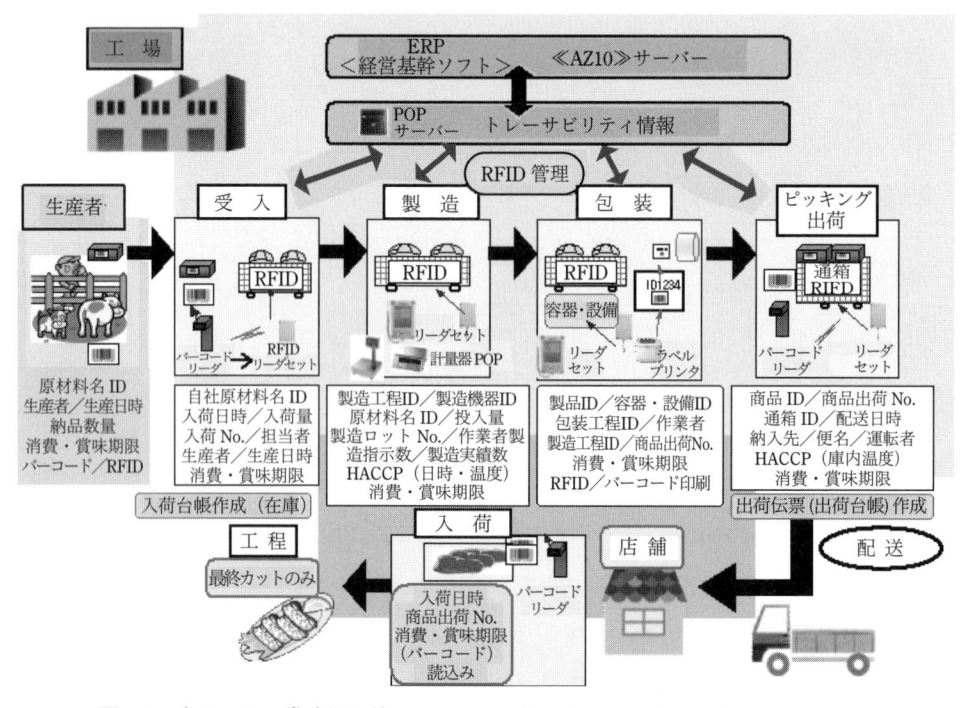

図6.6　食品工場の賞味期限管理とRFIDを使ったトレーサビリティシステム

譜番され、工場に入ったり出たり、さらには現場の工程に入った時、出た時の情報が管理できるようになった。また、前述の工場POPとRFID（IC無線タグ）を併用することにより、出荷製品（商品）の毎日の個別原価管理ができるようになった。

　RFID（IC無線タグ）は以前に比べて価格も大幅に下がり、流通業界のみならず、医薬業界、製造業界等のいろいろな業界で利用されるようになった。食品工場でのハザード管理にも少しずつ利用が始まり、消費・賞味期限管理やトレーサビリティ管理のみならず、製造工程での従業員IDや運転者ID管理等にもRFID（IC無線タグ）が利用できるようになった。まさに、21世紀の"魔法の杖"である。

（注1）ERPパッケージソフト「アーゼロンシステムシリーズ」、AZ(10)食品加工業システム、AZ(11)食品加工生産管理システム
（注2）（株）イシダ：生産管理システム iffs-PA

（髙橋　貞三）

第7章　職場意識の向上と改善
―― 職場の相互交流：5Sラリーの実践 ――

　ユーコープ瀬谷工場（以下、瀬谷工場とする）は、閉鎖寸前にまで追い込まれた生協直営の工場である。ここに紹介するのは、その危機から立ち直った工場従業員の品質改善運動の記録である。その品質改善運動は、「5Sラリー」と呼ばれ、職場ごとに期間限定でチームを作り、ボトムアップを図る試みである。それは、どの職場にでもあてはまるというものではないかもしれないが、同じような状況に置かれている食品工場の改革の一助になればと思い執筆した。

　ちなみに5Sラリーの「ラリー」とは、決められた区間を指定されたスピード・時間で走りきる自動車レースのことである。悪路や様々な障害を、ドライバーとナビゲーター、そして整備士が協力してゴールまでたどり着くのである。優勝者は称賛され、表彰される。ドライバーにはドライバーの、ナビゲーターにはナビゲーターの、整備士には整備士の責任があり、それぞれの責任を果たしたときに、栄光のゴールが得られる。

　瀬谷工場の品質改善運動は、5Sと、この「ラリー」方式を取り入れて「5Sラリー」と称して実施された。

7.1　ユーコープ瀬谷工場の概要

　工場の概要は以下の通りである。

　　従 業 員：正社員30人、定時職員161名
　　事業内容：畜・水産物の受注、処理、加工、包装、仕分け、配送、惣菜・加工原料の
　　　　　　　配送
　　生 産 量：年間2,776万パック、日産平均76,000P（ピース）、日産最大時15万P（仕
　　　　　　　分け含む）
　　環境への取り組み：ISO 14001取得工場　　神奈川県「地球環境賞」、「環境アクショ
　　　　　　　ンプラン大賞」、環境庁長官賞受賞

2009年度以降は、ユーコープグループ全体でIMS*（総合マネージメントシステム）として認証されている。

　また、数年前には御殿場工場が廃止され、神奈川県内唯一の生協直営工場となっている

図7.1　工場の概観と生産品（畜産物・水産物）

（図7.1）。

＊：IMSはISO 14001に22000、9001の要求事項を組み入れ、さらに労働安全（OSHMS）リスク評価、男女共同参画、コンプライアンス、情報管理を含むシステムである。

7.2　品質最低ランク、工場閉鎖の危機からの脱出

2002年度までユーコープ瀬谷工場は、本部の品質保証部の評価では、取引工場200社余りの工場の中で、最低ランクの「C」であった。Cランクの工場は、瀬谷工場の他に1つあるだけで、直営でなければ即刻取引停止を申し渡されても不思議のない状態であった。たまたま2002年度夏に、農水省補助事業の「トレーサビリティー」に取り組むことになり、日本冷凍食品協会の指導で、トレーサビリティーに必要な記録以外にも衛生状態や工場の点検をしていただいた。

点検の直前は、大掃除のおかげで表面上は繕えたが、年末を過ぎたころから化粧がはげ落ち、日本冷凍食品検査協会の最終評価は「食品工場としての体をなしていない」という厳しいものであった。また、そのころ工場の視察をお願いした某大手量販店さんから「生協さんのこの工場だったら、うちはずっと勝ち続けられる」と、皮肉とも苦言ともとれる言葉をいただいてしまった。

こうした指摘を受けた幹部職員の衝撃は大きかった。バブル破綻のあおりで経営的にも厳しく、直営店ではあったが、海老名と静岡吉田の2つの工場が閉鎖され、誰の目から見ても「次は瀬谷工場」と思われた。生協の理事会は「アウトソーシング方針の具体化」を

打ち出し、瀬谷工場に残された時間はわずかしかなかった。

　徹底した清掃を行ったはずが、年末を経てまたたく間に汚くなってしまった大きな原因は、「直営工場だから組合員は支持して当たり前」という、幹部、従業員の思い上がりと傲慢さ・悪慣れであった。したがって、方針はあっても維持・継続は掛け声倒れとなっていたのである。病根は深かった。

7.3　工場閉鎖の危機からの脱却と目標の設定

　生協直営の海老名、静岡吉田の工場の閉鎖は、「直営」に胡坐をかいていた瀬谷工場幹部・職員の目を覚ますには十分であった。瀬谷工場は、関連会社を含めて500人の雇用と生活を守るために、それまでの自分達との戦いを開始したのである。

　閉鎖になった静岡吉田の工場長は、閉鎖が決まってから実際に工場を閉めるまで改善に取り組み、「工場の閉鎖される当日の最後に生産したパックを、この工場の最高の鮮度と品質の商品にしよう」と努力したそうである。静岡吉田工場の閉鎖当日は人員も少なく、労務としては厳しい中でも実に綺麗な状態であり、機械の搬出なども極めてスムーズであったという。われわれは、この悔恨と苦渋に満ちた努力の言葉を自分たちのものとしてかみしめ、改革に踏み出したのである。

　結論を先に述べておくが、理事会は当面瀬谷工場閉鎖を見合わせ、直営工場としての有効活用の道を選択するに至ったのであるが、その間6年を要した。

7.3.1　目標の設定：トップの決意～「日本一のセントラル工場になろう」

　工場トップがまずしたことは、目標の設定である。「鮮度と品質」の抜本的な改善を主軸とし、「日本一のセントラル工場になろう」というスローガンを掲げた。このスローガンは今も毎年、改善運動のスローガンとして生き続けている。「日本一」とは規模、工場の設備に留まらず、今ある原資の中でできるあらゆることを指しており、単なる究極の目標、「絵に描いた餅」ではない。

　「日本一」を目指す項目は、工場全体では鮮度・品質・見栄え・コストなどであるが、個々人に置きなおしてみれば自分の仕事であり、日常の手洗いや挨拶でもいいとした。まず、この分野では「瀬谷区で一番に」、そして次は「横浜で」、「関東で」、「コープで」、最後に「日本で一番に」なろうと、順を追って大きい目標となるようスローガンを打ち立てた。

　こうして瀬谷工場は、品質向上の螺旋階段を一段一段、登りはじめたのである。

7.3.2　全員の目線あわせと外部講習会の利用

　工場内で目的意識の統一を図るために最初の障害となったのは、個々人の現状認識の違いであった。まず行われなければならなかったのは、①あるべき姿の確認　②共通の物差し作り　③言語の統一、であった。

　特に「共通の物差し作り」と「言語の統一」については、外部講習会で「HACCP実務者養成講座」（HACCP実践研究会主催）を利用した。工場幹部は多忙で経費的にも大変ではあったが、3日間の講習会に事務幹部も含め、全員を次々と参加させてきた。現在も人事異動のたび参加させており、正社員30人中21人が修了している。

7.4　「日本一のセントラル工場」の実現手段──ボトムアップ＝5Ｓラリーを展開

1) 期間限定で部署内に5Ｓチームを編成

図7.2は、2010年度5Ｓラリー第1ステージ登録用紙である。部署ごとにチームを編成

番号		チーム	リーダー	責任者	人数
1	業務管理	事務所・健康相談室			15
2	保全	保全			5
3		中コン			7
4	畜産加工	A			14
5		B			19
6		C			16
7		D			10
8	共有	コミュニティー			4
9	畜産製品	A			17
10		B			21
11	水産加工	A			12
12		B			8
13		C			5
14	水産製品	第一			21
15		第二			20
16	共有	購買部			6
17		瀬谷工場事務所			17
18	間口	畜産加工包装			8
19		水産加工包装			6
20		事務所			4
21	ミナモト	納品			21
22		入荷バース・2階前室			16
23		開梱・解凍			17
24		地下冷凍			6
25		畜産冷凍・挽肉			2
26	安全輸送	全社			6
27	事業団	全社			17
28	高千穂	全社			4

図7.2　2010年度5Ｓラリー第一ステージ登録用紙

し、6月16日からスタートして8月5日活動交流会（成果発表会）までを実施期間として、テーマ達成に向けて取り組みを開始した。

　毎年2～3回、こうした改善運動の期間を設け、それぞれ第1ステージ～第3ステージと呼びならわしている。各ステージごとに5Sチームを再編成し、全員が参加できるような工夫と、評価作業、活動交流会を通して、その成果を定着させていく努力をしている。

　現在では23回目を迎え、2010年度第2ステージが終了している。

　各ステージは、5Sラリーのキックオフのあと、以下のような5段階で進行した。

　　①自部署を点検評価し、模造紙（ポスター）発表をする（第1ステップ）。
　　②他部署からの点検を受け、また他部署へ点検に赴き、評価をまとめて模造紙発表をする（第2ステップ）。
　　③第1、2ステップを踏まえて、自部署を再度点検し、「⑤活動交流会」の資料作成を行う。
　　④他のチームの模造紙発表（第1、2ステップで発表されたもの）すべてをチームで評価し点数化する。
　　⑤活動交流会（発表会）を行い、相互の良い点を積極的に評価する。

　2）事務局のメンバー構成

　毎回のステージを始めるにあたって、マンネリ化させないためにもステージ全体の進行を管理する事務局の役割は重要である。核となる事務局メンバーは、必要とされる人員を選んで固定し、その他の事務局メンバーは、できる限り多くの部署から入ってもらい、現場の実情を反映しやすくし、それを受けて決められる方針を、結果として実現性の高いものとしていく、という方策をとった。

　3）各部署の5Sチームの編成

　チーム編成は仕事の現場で行い、業務組織とは別にしている。また、ラリーごとにメンバーを確認し全員が経験できるようにしている。

　4）部署で編成される5Sチームのリーダーの選出

　5Sチームのリーダーは、みんなの意見を代弁し集約する人で、5Sラリー中は、現場では職場長より上位に位置づけている。リーダーはできる限り一般職員、パート職員からなってもらい、その地位がその人を形作っていくように導いている。

　5）5Sチーム活動の円滑化

　チーム活動が始まると、実務課題や経費のかかることも発生するので、処理のために責任者を各チームにおいている。お金、備品などは、工場からの持ち出しとなるので、責任者は基本的に幹部、および幹部に準ずる人を当てている。

　責任者を置く目的はそれだけではなく、経験の浅いチームメンバーをサポートし、提起

された意見を尊重して、チーム活動の円滑化を図ることにもある。

例えば瀬谷工場では、汚れのある壁や天井も最初は自前でペンキを塗っていたが、手順や方法の稚拙なこと、ペンキの保管場所、成分（防黴剤）などが問題となり、現在は保全の管理で行っている。また、道具と呼称の統一、購入業者、発注業務も必然的に統一されてきている。

6) 点検の仕方

ラリーでの点検は、自部署点検と他部署へ行っての相互点検で行っている。幹部の一方的指摘は「やらされ」感と不公平感を生む。自分たちも点検者として登場することにより、「やらされ」感の克服につながると同時に、工場内のコミュニケーションが強まる。「いつもは電話で声のみ聞いていた人がここで働いているのか」、「いつも働いていたのはこんなに面倒な手順で、寒いところだったのか」など、驚きと感動が寄せられる。自らの仕事現場を顧みる良い機会になると同時に、視点が変わり、ともに向上することができてきている。

点検に行くチームは、そのつど変更している。チームが固定されると、点検、評価に偏りが生じることがあり、点検チームを変えることで、違った視点からいろいろな改善を引き出すことが可能となる。

図7.3に「5S推進ラリーニュース」のNo.1～5を示す。

7) 交流会 or 発表会

まとめのために、瀬谷工場では「活動交流会」をラリーの終わりに催している。「活動発表会」ではなく「交流会」としているのは、自分たち以外の報告を聞き、発言し、交流することに重きを置いているからである。

交流会では、自分達の発表の前後2チーム以上の報告は必ず聞くことを義務付けており、休みの人以外は全員参加である。

交流会は賑々しく行い、幹部はこの場をチームメンバーの「振り返り」と成長の場とするために努力する。したがって、交流会当日の発言と講評は、参加者の実践に対してけなすことではなく、褒めることにある。「すごい」、「とてもいい」、「頑張った」という声が飛び交う交流会は成功である。ただし、責任者に対する質問は厳しいものもある（**図7.4**）。

特に自社の経営者（社長、専務など）の参加は、5Sラリー参加者にとっては、自分達の活動を知ってもらえる良い機会であり、励みとなる。また、交流会には来賓を招いている。来賓は、同業他社、関連会社、行政などで、多いほどよい。

8) 5Sラリーで重視していること

① 全員が参加できる環境を作る

すべてに例外なく全員が参加できる環境を保障することが大切である。「ともに点検に行

5Sラリー推進ニュース

2010.6.9　No.1　　　ユーコープ生鮮商品部瀬谷工場　5Sラリー推進事務局　発行

2010年度　8年目の再構築、
6/16に第一ステージがスタートです！

「日本一のセントラル工場になろう」を合言葉に食品工場のあるべき姿を!!

2010年度「5Sラリー」第一ステージの具体化

1. はじめに

事務局は以下のメンバーで構成する。
事務局長は栗原、事務局員は目黒、浅利、小野、八木、楪本、小須田、野村

1. はじめに
8年目を迎え今までの振り返りを行い、新5Sラリーの原点に立ち返る。悪なれとマンネリ感を克服し、5Sの重要性とツールとしてのラリーを全体が再確認する。
2010年度は年間、2回の展開を行う。第二ステージは1月にスタートさせる。

取り組みは業務でのトップダウンの活動とあわせて、ボトムアップの活動として行い、自覚性、自主的な取り組みを大切にしたい。したがって、発見による驚き、自ら点検し、自ら改善することでの喜び、気づき合い、教え合いによる工場としての一体感を演出する。また、各チームが本業を見極めた取り組みをそれぞれが展開し、画一的取り組みにならないよう配慮する。

重点は五つ
第一に5Sの重要性教育と点検と改善の徹底。
第二に躾と仕組み化を進め、IMSの「食品安全管理システム」の全面的運用を目指す。
第三に共有部分の取り組みを強化し、誰もが自部局でなくても汚れていること、仕事の不具合、無駄を見過ごさない風土作りを行う。
第四に仕事のやり方や作業の効率化、コスト削減に意識的に取り組む。
第五に「目安箱」の取り組みを5Sに限定しないで旺盛に展開すると同時に、眼で見て改善がわかるように掲示を行う。

2. 全体のスケジュールと重点

チーム登録
チーム登録は6/9〜6/15までに行い、責任者、リーダー、チーム人数、担当箇所に変更があれば事務局まで申し出る。また、できる限り多くのメンバーが一堂に会し、今回の重点と進め方の意思統一を行い、全体で進める認識を徹底する。

(1)第一ステップ　　6/16〜6/29
テーマ「点検と改善その繰り返しが基本」
①もう一度自部署の徹底分析と現状を点検する。チームは自らの持ち場の総点検を行う。点検は出来る限りみんなで行い、みんなで討議する。
②過去の指摘箇所が「手順書」や「チェックリスト」に反映されており、現在は指摘されない状況を作り上げられているかを自部署で点検する。
③品質管理マニュアルに基づく運用がされているかについても点検を行う。
点検結果は模造紙に記入する。
④配点　自部局による指摘による改善　　　1点
　　　　他部署改善の取り込み改善　　　　2点
　　　　他部署への改善案提供　　　　　　2点　他部署指摘数とは違う
　　　　コスト削減の取り組み　　　　　　5点
　　　　模造紙づくり　　　　　　　　　　2点
　　　　タイムリミットオーバー　　　　　−2点
※配点については配点用紙を配布するので、事務局まで提出する。
※模造紙は写真のみカラー可とする。
※自部署で改善できない部分で保全に要請した項目についても改善点数に加算する。

(2)第二ステップ　　6/30〜7/20
テーマ「とことん作業と食品安全管理マニュアルにこだわって」
今回は身内の点検を始めて行うが、ともすれば馴れ合いになるので注意が必要。とくに作業にこだわった点検を進める。

①他部局による点検を行う。また、他部局に点検に行く。点検は出来る限り多くのチームメンバーがいけるように配慮する。また、今までの取り組み内容がチーム全員に周知されているのかを、ヒアリングにより、確認する。ヒアリング結果はアンケートをとり、ニュースでお知らせする。
②指摘をすることで指摘する側の視点の向上を意識する。汚れの指摘に留まることなく「何故こうなっているのか」を鋭く指摘する。また、作業そのものに関わる指摘も意識して行う。
③点検は7/6までに行い、改善の時間を保障する。
④指摘事項は改善の取り組みを行う。
⑤模造紙を作る。
⑥手順書、チェックリストなどの再点検をおこなう。
⑦配点　他部局による指摘による改善　　　1点
　　　　他部署改善の取り込み改善　　　　2点
　　　　他部署への改善案提供　　　　　　2点　他部署指摘数とは違う
　　　　コスト削減の取り組み　　　　　　5点
　　　　模造紙づくり　　　　　　　　　　2点
　　　　点検期間のタイムリミットオーバー　−2点
　　　　タイムリミットオーバー　　　　　−2点
※配点については配点用紙を配布するので、事務局まで提出する。
※模造紙は写真のみカラー可とする。
※自部署で改善できない部分で保全に要請した項目についても改善点数に加算する。

(3)第三ステップ　　7/21〜7/27
テーマ「自部署で再点検そして仕組み化」まとめのステップです
①第一、第二ステップを見据えて、自部署で再度点検と改善を行う。点検は責任者とリーダーで行う。
②模造紙はないが交流会発表資料の作成を行う。資料は第一ステージ全体のまとめとする。A4で一枚フォーマットは別に提示する。
③活動交流会の準備をする。

(4)全体チームの評価作業　　7/21〜8/3
①従来のとおり全チーム模造紙についての評価作業を行う
得点は1チーム最高5点とし、評価用紙は事務局で作成配布する。
②模造紙は指定の掲示場所で評価する。作業を2週間とするが第一ステップの評価は事前に行ってもかまわない。
③各チームは自チーム以外の全チームの評価を行い、チーム平均を出して事務局へ提出する。

(5)活動交流会
①目的
活動交流会を工場、チーム全体で盛り上げるために、発表者はチームで決める。発表者は複数でもかまわない。勿論、責任者・リーダーでもかまわない。
②日時　　8/5日、11時〜16時
③具体化と進め方
　a．発表者はリーダー、責任者と協議し、活動の推移と成果についてまとめる。
　b．発表時間は10分とし交流会の資料はチームリーダーが中心となって準備する。
　チームメンバーは発表者の報告に対し、補足と追加を行う。発言は何処からでもかまわない。
　c．参加者は両者の発言を聞き、質問、意見を出す。5分とする。
　d．講評は行わない。全体講評は工場長が行う。
　e．交流会は一日とし、発表チームは14チームとし年間一度は発表するものとする。

図7.3　「5Sラリー推進ニュース」No.1

第7章　職場意識の向上と改善〜職場の相互交流：5Sラリーの実践

図7.3　「5Sラリー推進ニュース」No.2〜5

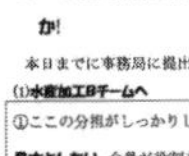

図7.4 「推進ニュース」No.6（左）と活動交流会の様子（右）

き」「ともに改善し」「ともに採点し」、最終的には「他チームの評価を全員が次回の目標を含めて提出」し、「活動交流会に参加」することである。目標は「ともに成長すること」である。事務局として全員のものを読み、点数を集計する膨大な作業が残ることは改善が必要なのかもしれない。

　②　目で見てわかるようにする

　できる限り誰の目から見てもわかることが重要である。瀬谷工場では、改善成果を模造紙に書いて発表（ポスター発表）することを義務付けているが、写真は見やすいようにカラーとしている。

　ポスター発表の作製がわりと抵抗なくできたのは、QC、TQCなどの小集団活動の経験がものを言っているようである。チームには、必ず1人くらいはそれを得意とする人がいるようで、最初のころは「改善前」と「改善後」の写真が3〜4枚貼ってあるだけのものであったが、回を重ねるごとに実にみごとなポスターが掲示されるようになっていった（図7.5）。

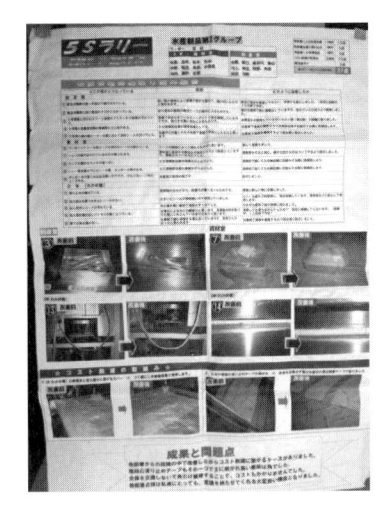

図 7.5　模造紙に書いて発表

③　すべての部局を対象にする

同じ職場で働いている人は、すべてを対象にすべきである。瀬谷工場では職員はもちろんのこと、パート職員、アルバイトから派遣職員、委託業者まで含めている。したがって、職種も生鮮加工員から事務員、保全係、洗浄係、清掃員、運転手、厨房のシェフ、保健士等多種多様で、そのことが相互点検において視点の広がりを作ることにもつながっている。

④　すべての場所に責任部署を割り当てる～グレーゾーンをなくす

はっきりその部署の持ち場とわかるところはいいのだが、共有部分はあいまいになりがちである。責任があいまいなグレーゾーンや時間帯ができないように、そのような場所は事務局の守備範囲にしている。

⑤　人間形成と感情表現を大切にする

本当にやりがいを感じたとき、人は「やってよかった」というよりは「すがすがしい」という思いを抱くようである。事務局ではニュースを通じて、5Sラリー参加者からこうした声を聞いている。そして、この「感動」を他に広げるために最大限の努力をしている。

⑥　本業から出発し、本業に戻る

品質改善運動は、もちろんそれぞれの仕事の本業から出発すべきである。加工現場は、品質を守るために清潔であることが重視される。事務所も清潔でなければならないが、本業は外からの情報を正確に、速やかに現場に伝達することであり、現場の情報を正確に、速やかに外部に発信することである。そのために、通信手段であるネット、電話、FAXなどのメンテナンスや、受話器がすぐ取れる場所に配置されていること、必要な資料がすぐに出せる場所にあるなど、外来者への応対の丁寧さなどが求められる。仕事の内容によって、改善する課題は違うのである。

⑦ 評価は加点方式で

採点は、自己採点と模造紙上での全体の評価、および工場長の点数には加味されなかった「頑張り」への評価の3点から成っている。

評価は、良いことをしたらすべて認める加算方式が基本である。例外は、他のチームに迷惑をかけるような点検遅れで、その場合は自己評価でのマイナス点となる。

加点要因は、皆の意見でどんどん増えている。例えば、他のチームのまねをして改善したら、改善したほうはもちろん加点するが、真似されたチームも加点される、などということがある。真似されるようなアピールも、各チームの競争になるのである。

⑧ 継続は力なり

もちろん、最後は継続である。否定的な意見はいつも出現する。あるときは建設的装いをまとって「5Sは進んだから、もう交流会はいいのでは」「日常活動として位置付けられたのでラリーは必要がない」「もう指摘する場所がないほどになっているから」など。しかし、5Sは永遠の活動であり、それがラリーを通じて風土となるようにすべきである。

7.5 効果と問題点

7.5.1 直接的な効果

① お申し出（クレーム）と店舗返品の大幅減少（50％、80％減）

工場としての本業である品質と鮮度を維持し、決められた数量を、決められた時間に、より低コストで作ることで、組合員のお申し出（クレーム）と店舗返品を大幅に減らしてきた。この課題はなかなか実現できなかったが、5Sラリーの改善の蓄積から、毎年着実に減ってきている。2010年10月現在で、お申し出は100万件に1.3件、店舗返品は100万件

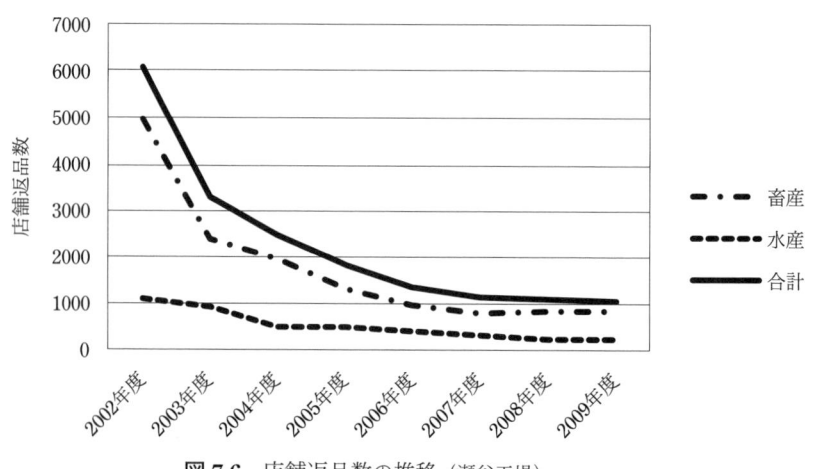

図7.6 店舗返品数の推移（瀬谷工場）

に 48.3 件である。

しかし、お申し出の内容、件数は社会状況によって変化する。ロースカツ事件（売れ残りのトンカツ用生肉を社内規定に反して廃棄処分とせず、カツ重などに調理し販売した事件。2010 年 3 月）以後の 2010 年度は、前年を超える数字で推移しており、苦戦している。また、内容としても、異物混入から異味、異臭のお申し出（クレーム）が大幅に増加している。

② 生産事故の減少

清掃や衛生問題に関係なく、すべての課題を取り上げることを推進したため、作業場の整理や仕事のやり方を変更した事例が提出されるようになり、ラベル不貼付、異物混入だけでなく、表示や見栄えでの生産事故も激減させることができた。

③ 労働安全の前進

作業場の改革の中で行った、一部水産品加工場を除く床のドライ化とレイアウト変更の実施は、転倒防止や腰を曲げて長靴を洗う作業がなくなるなど、労働安全の前進にもつながった。また、運動靴のほうが長靴より安いことから、経費の削減にも大きく寄与した。

衛生面での、和式トイレの洋式化も職員には好評であった。

7.5.2 波及効果

① 行政との関わり強化

こうした職場の改善が進むことで、思いもよらないことも出てきた。瀬谷工場の噂を聞いてか、農政局や市の健康福祉局などの年末点検の研修の場として依頼されたり、栄養士研修、研修医研修などの申し入れが来るようになったのである。

もちろん、管轄が厚生労働省と同じということが大きいとは思うが、以前では考えも及ばないことだった。こうしたことを通して、行政との意見交換が日常的にできるようになったことは大きいといえる。

② 他団体との交流

交流会へ来賓として参加される方々は同業者に限らず、日常的な取り引きのない業者や、全く接点がないと思われた業者にも及んでいる。これまでに全農、水産加工業者、畜産加工業者、豆腐加工業者、タレ加工業者、漬物加工業者、菓子製造業者、包材納品業者、工業製品生産業者、コンサルタント業者などの業種・団体からの参加があった。コープの仲間ではコープネット、共同購入センター、店舗などである。

このような多種多様な業者との交流は我々の視点を広げ、他工場と競争することでモチベーションの向上に大いに役立っている。

③ 職員が自信を持ってきた

何よりも大きかったのは、今までは「工場の者は」「いつも工場の製品は」と言われ小さ

くなっていた職員が、お申し出に対して「いつ？」「どこで？」「なにが？」と冷静に対応できるまでになり、それだけ自分の仕事に対して自信を持てるようになってきたことである。

　古い建屋の工場であるが、少し綺麗になり、照明も明るくなり、余分なものもなくなった。そして、地下室のような殺風景な事務所であっても、職員の服装が少しこぎれいになり、皆の表情も明るくなった。ハードだけでは危害除去はできない。ハードを使いこなすソフトが大切で、その基本は継続と人材育成である。

　チームを編成し、「期間限定」で5Sラリーに取り組んだのであるが、異動や採用があり人の入れ替わりがあるため、絶対に漏れを作らないよう確認を行っている。そのようなこともあり、登録されたチームはラリー終了後も解散せずに、次回のラリー開始まで作業現場の日常管理に責任を持つこととなる。

　工場閉鎖の瀬戸際からようやく立ち直ったわけだが、時間と共に経験や意識の風化は避けられない。これをいかに食い止めるか、そして自分達の方法に固執せず、常に新鮮な目で物事を見ていかなければ、と思っている。

（野村　尚良）

第8章　工場の衛生点検とその有効性

　わが国で食品工場の衛生点検が重視されるようになったのは、1990年代の後半、HACCPシステムによる食品の安全・衛生管理が普及し始めた頃からであろう。その理由はHACCPの導入により、日常のHACCPプランや一般的衛生管理の実施状況について、記録から検証することが可能になったからである。1993年にFAO／WHO合同食品規格委員会（通称、コーデックス）が「HACCPシステムおよびその適用のためのガイドライン」[1-3]、いわゆるHACCP適用の7原則・12手順を策定した。これを契機として世界各国でHACCPシステムが推奨、あるいは義務化され、HACCPは食品安全・衛生管理システムの事実上の世界標準となったのである。HACCPチームが12手順を追って作業すると、HACCPプランができあがる。HACCPプランは食品安全ハザードを管理するための、PDCA（Plan、Do、Check、Act）サイクルでいうPlanである。HACCPをスタートしたならば、プランどおりにモニタリングや定期的な検証活動を行う。これがDoである。そして必然的に、それらの活動は記録される。それらの記録を点検（監査）することによって、日常のHACCPシステムの評価が可能になる。これがCheckである。また、HACCPの原則であるハザード分析を行うと、一般的な衛生管理の重要性も明らかとなる。一般的衛生管理の実施状況もモニタリングの記録や修正の記録として残されるので、監査が可能になる。

　このように、HACCPシステムの普及に伴って、食品工場の衛生管理は、第三者が監視に訪れたその日の状態だけでなく、記録から一定期間の評価ができるようになったのである。システムの評価は、第三者による点検だけでなく、社内で自ら実施することが重要である。その結果がHACCPシステムの改善につながっていく。これがActである。

　ただし、本章では筆者の経験を基に、第三者が（点検）監査、すなわちCheckする視点で衛生点検の必要性、方法、その効果などを解説する。食品の製造、加工、調理などに携わる多くの方が自らCheckを実施する際の参考になれば幸いである。

8.1　衛生点検の基本

　衛生点検の意味から考えてみよう。何のために点検しなければならないのか。そもそも点検とは何であろうか。「点検」とは、広辞苑によれば「一つ一つ検査すること」とある。

そして、「検査」とは、「基準に照らして、適不適や異状・不正の有無などを調べること」である。この2つの言葉からも、衛生点検では目的と範囲を明確にしなければならないことがわかる。1つ1つ調べなければならない工場の点検項目をすべて取り上げれば、膨大な数になる。また、すべての点検項目には基準がなければならない。基準がない項目は評価ができない。

一方、「衛生」とは何であろうか。「食品衛生法第3条」では、食品等事業者の責務として「自らの責任において食品の安全性を確保するよう〜（略）〜努めなければならない」、「食品衛生上の危害の発生の防止に必要な限度において、〜（略）〜必要な記録を作成し、保存するよう努めなければならない」と定められている。

従って、食品工場の衛生点検の目的とは、「食品工場が、日常的に製品の安全性を確保できる状況で製造し、その記録を付け、保存しているかを、基準に照らして、適不適や異状・不正の有無などを調べること」となるであろう。

衛生点検を社内で実施する場合も、第三者が実施する場合と同様、衛生点検活動そのものをPDCAサイクルに乗せる必要がある。衛生点検の計画を立て、その通り実施（点検）し、点検内容や効果を見直す。そして、問題があれば衛生点検の方法を改善する。衛生点検の基本的な進め方は次のとおりである。

(1) 目的と範囲を決める

衛生点検は時間と人、すなわちコストを要するので、計画的に実施することが大切である。工場の規模によっては、一度にすべての製造現場、附帯設備を調べることができない場合もある。その場合は、何回かに分けて実施することになる。ただし製造が止まっているラインは、静止状態の点検だけになってしまうので、現場が稼働している日を選ばなければならない。それでもすべての製品の製造実態と記録を点検することは難しく、サンプリングに頼らざるを得ない。衛生点検の目的は、次の3つに大別される。それぞれの基準は異なるので、点検者は3つの側面を整理して考えることが大切である。

① 施設・設備の保守管理状況

　　日常点検、定期点検が実施され、適切に維持管理されていることを点検する。

② 日常的な衛生管理状況

　　日常の衛生管理手順が順守されているか、衛生管理の実施状況をモニタリングしているか、不適合があったときに修正しているかなどを点検する。

③ 重要なハザードの管理状況

　　HACCPプランの有無にかかわらず、その食品にとって重要なハザードが管理されていることを点検する。

(2) 責任者を決める

　衛生点検の責任者は、経営者から指名されていなければならない。社内で実施する場合、その責任者は十分な能力を持っていなければならない。衛生点検の実施に不可欠な、基準を理解していなければならないし、計画を立案できなければならない。とくに自らが担当する部門を点検しなければならない場合でも、日常の業務から一歩下がって調べることができる冷静さが求められる。そして不適合があった場合でも、ありのままに報告できなければならない。責任者は、その責任において衛生点検チームを編成する。

　衛生点検を社外の第三者に依頼することも可能であるが、信頼できる人物（組織）を選ばなければならない。衛生点検に特有の知識や技能、経験、訓練、さらに個人的な特質など、必要な力量を持っていることが不可欠である。たとえば倫理的に行動すること、公正な報告をすること、職業人としての正統な気配りができること、独立性や証拠に基づく進め方ができることなどである[4]。

(3) 計画を立てる

　すでに述べたとおり、衛生点検は計画的に実施しなければならない。計画の要素として重要なのは、点検項目と評価基準の明確化である。いわゆる一般的衛生管理事項、多くは条例で定める施設基準、管理運営基準（さらに、顧客からの要求事項が示されている場合もある）のほとんどが、「○○○でなければならない。○○○であること」と列挙されているものである。それらをそのまま点検項目として、チェックリストを作成することもできる。

　しかしその場合、評価基準を適合・不適合のみにすると点数主義に陥り、衛生点検のめりはりがなくなる可能性がある。食品の安全性に寄与するレベルで、不適合に重み付けをする必要がある。たとえば食品に直接接触する面の汚れと、直接接触しない面の汚れは、食品に対する危険度が異なる。これらの重み付けは簡単ではないが、（社）大日本水産会が運用している「水産加工施設HACCP認定制度」では、HACCP計画の実施状況だけでなく、施設設備作業員等に対する衛生管理の状況についても重み付けを明確にした基準となっている。それらの基準を反映したチェックリストも示されており、参考になる[5]。

　また、HACCPシステムを導入している場合、HACCPプランで管理すべき重要なハザードと一般的衛生管理、とくに衛生標準作業手順（SSOP：Sanitation Standard Operating Procedure）で管理すべきハザードが明確になっている（はずである）。さらに、モニタリングの記録がある（はずである）ので、それらの文書どおりに衛生管理が行われているか、衛生点検計画を立てやすくなる。しかし、コーデックスの12手順はHACCPシステム適用の手順を列挙したものであり、原則論が列挙されているに過ぎない。たとえばCCPのモニタリング、改善措置、計測器の校正などの記録について見直すことを要求しているが、その頻度の規定はない。

また、文書化の要求事項についても、詳細が規定されているわけではない。そのため、HACCPプランは作ったものの細部の規定がないため、動かない仕組みになっていることがある。細部の規定とは、厳しい規定という意味ではない。「文書化が望まれる」という規定であれば、文書化していなくても「適合」である。「CCPのモニタリングの記録は1週間以内に見直さなければならない」という規定であれば、記録された直後から1週間以内であれば「適合」と評価される。ただし「毎日、見直す」と自ら規定したHACCPプランであれば、毎日見直していなければ「不適合」となる。このように細部の規定がなければ、HACCPシステムが適切に確立され、運用され、維持されているのか検証することができない。とくに、システムレベルの検証活動に対する規定は重要である。「食品衛生法第13条」に基づく総合衛生管理製造過程では、実施計画の定期的見直しを要求しているものの「定期的」の規定は明文化されていない。記録の保存に関する規定も重要である。総合衛生管理製造過程では、1年以上（製品の賞味期間が1年を超えるものにあっては、当該期限以上の期間）を規定している。システムレベルの点検を実施するときに、記録がなければ点検のしようがないからである。

　点検者（点検チーム）は予め点検項目を整理してチェックリストを作成する。基準が決まっていない項目であっても、必要であればリストに加えておくことを勧める。基準が決まっていなかったという衛生点検の結論があってもよい。点検後の見直しによって、必要ならば基準を明確にすればよいのである。チェックリストによって一貫性のある点検を実施することができる。質問忘れを防ぐことができるし、またサンプルの抽出法や評価法など、予め確認方法を決めておけるので、段取りよく、時間の節約ができる。さらに、点検の記録が見やすくなり、衛生点検そのものの改善につなげることができる。

　しかし、チェックリストを用いると点検者が紋切り型の質問をするようになったり、チェックリストに不備があれば、重要な事項を見落とすことにもなったりしかねない。チェックリストの順序どおりに行ったものの柔軟性がなくなることもあるので、注意しておきたい。

(4) 実施する

　衛生点検は、時間と担当者を要するものである。どの程度の時間をかけて実施すべきかの指針はないが、目安がなければ計画を立てにくい。そこで、米国FDAが監視員のために作成したHACCP監視トレーニングプログラムを参考に、実践的な進め方を解説することとする[6,7]。実際のFDAのHACCP監視は1日ないし2日間にわたって実施されるようであるが、ここでは筆者の経験から、1日で実施する例を示した（**表8.1**）。必要に応じて時間配分は変更されるべきである。衛生点検の進め方は次項で述べる。

表8.1 衛生点検の時間配分例

ステップ	衛生点検の進め方	時間配分*	立会者
1	開始時会議	08：30〜08：45	点検対象部門
2	最初のインタビュー	08：45〜09：15	対応者
3	ウォーク・スルー	09：30〜11：00	対応者
4	文書（HACCP、SSOP 等）の確認	11：00〜12：00	対応者
5	記録の確認	13：00〜14：30	対応者
6	報告書の作成	14：30〜15：00	なし
7	終了時会議	15：00〜15：30	点検対象部門

＊ 必要に応じて午後も現場確認を行う。また始業前、終業後の確認が必要な場合もある。

(5) 報告する

点検者は、発見した不適合を整理して報告書を作成する。発見した客観的証拠と、それがどの項目や基準に照らして不適合なのかを、わかりやすく列挙する。外部機関による点検では、多くの場合、不適合のみ列挙されることが多いが、自社で実施する場合は適合の事実も報告書に簡潔にまとめるとよい。

作成した報告書は、最終会議で公表し、点検対象部門の合意を得る必要がある。

6) 改善する

すでに述べたとおり、コーデックスの12手順は、適用時の手順を示したものであり、HACCPチームが手順に沿って活動すると、CCPのモニタリングと検証活動のプランが書き込まれた「HACCPプラン」という文書ができあがる。また、一般的な衛生管理について要求されているのは、その実施状況の確認と記録の方法の文書化である。HACCPを適用していない工場においても、衛生管理はシステムとして機能しなければならない。衛生点検によって、日常のモニタリングが行われていなかったり、機器の校正が実施されていなかったり、あるいはそもそも基準がなかったりすることが判明する場合もあり得る。衛生管理の計画はすべて文書化しなければならないのではなく、まずは食品の安全性の観点から必要に応じて文書化すればよい。記録も同様で、的を射た記録が必要なのである。当事者にとっては不適合の状態が風景化していて、問題があることに気付かないことは多い。衛生点検を行うと容易に不適合であることがわかるのに、日常は適合と評価され、「○」ばかりが付いている記録もよくある。

衛生管理をシステムとして確立、運用、維持、そして改善する、ステージごとの検証のポイントを**表8.2**にまとめた。

表8.2　PDCAサイクルから見た衛生点検のポイント

Plan：衛生管理の計画はあるか
　□　HACCP適用の7原則・12手順に従ってHACCPプランを作成したか
　□　一般的衛生管理（SSOP）の実施状況のモニタリングプログラムを作成したか
Do：衛生管理計画どおり運用しているか
　□　HACCPプランどおり運用しているか（モニタリングや検証はプランどおりに行い、記録しているか。管理基準からの逸脱時は改善措置を実施しているか）
　□　一般的衛生管理（SSOP）どおり運用しているか（実施状況のモニタリングを行い、記録しているか。不適合があれば修正しているか。その記録はあるか）
Check：衛生管理の計画を定期的に点検（衛生点検）しているか
　□　衛生管理システム全体の検証を定期的に実施したか
　□　必要に応じて実施したか
Act：衛生管理の計画を定期的に点検した結果によって、衛生管理の計画を維持または改善しているか
　□　衛生管理の計画は維持されているか、改善は適切であったか

8.2　衛生点検の実際

(1)　開始時会議：なごやかにスタートする

まず始めに、衛生点検者（チーム）と点検される部門が互いに挨拶する。衛生点検チームは、計画に基づいて目的、範囲、時間配分などを説明する。点検される部門は緊張しているので、丁寧に説明して了解を得ることが大切である。点検する側は、「上から目線」の偉そうな態度をとってはならない。点検者は、食品の安全性が確保されているか自ら現場で確認（ハザード分析を実施）し、管理状況（モニタリングの実際）を観察するため、点検の範囲には当日製造している製品を含める必要がある。そして、現場および記録を確認する際の対応者（案内者）を決めてもらう。

(2)　最初のインタビュー：サービス・エースをとらない

事前に、必要と思われる文書を確認しておくこともあるが、当日、初めて文書を確認せざるを得ない場合、開始時会議で実際の製品および製品説明書（仕様書）、製造工程（フローダイアグラム）の概略について少々時間をかけて確認する。実際の製品および製品説明書を確認することにより、考慮すべきハザードが予想できるが、ここではまず話を聞くことに専念する。対応者の説明に納得できないときや安全性に問題がありそうだと思っても、緊張しているせいかもしれないので、いきなりダメ出しをしてはならない。

製造工程（フローダイアグラム）の詳細、各工程の評価（ハザード分析）、記録付け（HACCPプラン、SSOPの確認）は現場で行うため、ここでは各文書の存在を確認する程度でよい。点検者は、服装、持ち物（記録様式、筆記用具、クリップボード）、入場手順、その他現場のルールに従わなければならない。

(3) ウォーク・スルー（点検者が自ら行う工程および管理状況の確認）：自分が食品になったつもりでラインを見る

　可能であれば、工程（フローダイアグラム）に沿って原料の搬入から出荷までを順に確認するとよい。ただし、入場のルールなどにより工程の順序通りには確認できないこともある。また製造時間との関係で順序が逆になることもあり得るが、最終的にすべての工程を確認する。

　どの原料や工程で管理が不十分になり、ハザードが発生する可能性があるか観察し、さらに現場の責任者や担当者に多くの質問を行う。質問の仕方は、オープン・クエスチョンを心がける。「はい」、「いいえ」で会話が途絶えるクローズ・クエスチョンは避ける。質問を受ける側は、緊張のためうまく答えられないこともある。その場合は、案内役や現場の責任者などにも質問し、事実を確認する。誘導尋問をしてはならない。また、稼働中の現場では作業の邪魔をしないように注意することも重要である。作業員が萎縮して普段はしないことをやってしまい、製品の安全性や品質に影響を与えることさえある。

　現場では実際のモニタリング作業を観察して、測定や記録の手順を確認する。例えば、以下のような事項が観察される。

> ・自記温度記録計の記録に打刻された時刻が、実際の時刻と異なっていた。
> ・モニタリングの対象がどの計測器が示す値か決まっていなかった。
> ・装置が示している温度が設定温度であり、実際の温度ではなかった。
> ・モニタリングの結果と時刻は、シフトの交代のタイミングにまとめて書いていた。
> ・計測器の値と記録した値の桁数が、担当者ごとに違っていた。
> ・現場に複数の時計が掛かっていて、それぞれが示す時刻にずれがあった。
> ・モニタリング時刻の記録に使う時計は担当者により異なっていた。
> ・モニタリング担当者は、文書に規定された者ではなかった。

　現場から戻ったら、点検者は自分の考えをまとめる。原料および各工程に由来する生物的、化学的、物理的な（潜在的）ハザードを考える。

　ウォーク・スルーの時間は限られているが、点検者は各工程と一般的衛生管理の実施状況を観察する。工場の隅から隅まで点検しようとするのは、時間配分から考えても難しいことが多い。先に述べたように、食品への影響度を考慮して点検すべきである。そのためSSOPの8分野（**表8.3**）を理解しておくとよい。

　よく点検では、「重箱の隅はつつくな」とか、逆に「重箱の隅に重大なものが隠れている」などと言われるが、確かに重箱の隅にヒントがあることも事実である。日常の不具合はいつのまにか景色になってしまうことが多いので、見慣れていない第三者のほうが発見しやすいのである。例えば、以下のようなことがあげられる。

表8.3 SSOP で日常確認（モニタリング）および記録が必要となる 8 分野[6,7]*

1. 食品または食品と接触する表面に接する水、あるいは氷の製造に使用される水の安全性
2. 器具、手袋および外衣を含む、食品と接触する表面の状態と清潔さ
3. 不衛生な物から、食品、食品包装材料、ならびに器具、手袋および外衣を含むその他の食品と接触する表面への交差汚染の予防、また、生原料から加熱処理済製品への交差汚染の予防
4. 手指洗浄、手指消毒およびトイレ設備の維持管理
5. 潤滑油、燃油、農薬、洗剤、消毒剤、凝縮水ならびにその他の化学的、物理的および生物的汚染物質で食用不適になることから、食品、食品包装材料および食品と接触する表面を保護
6. 有毒化合物について、適切な表示、保管および使用
7. 食品、食品包装材料、および食品を接触する表面を微生物汚染することになる従業員の、健康状態のコントロール
8. 食品工場からの有害小動物の駆除

＊出典：米国連邦規則（食肉製品、水産食品およびジュースのHACCP規則）で規定しているSSOPの対象分野

・捕虫器のランプが消えていたが、毎日OKと記録されていた。
・残留塩素測定キットのセルが汚れていたが、毎日0.4ppmと記録されていた。
・手洗い場の洗剤容器の押し出し口が詰まっていて、中身の洗剤も濁っていたが、洗剤の量は毎日、「○」と記録されていた。
・加熱前の作業者が、加熱後のエリアに呼ばれ、そのまま製品を扱っていた。
・加熱の作業者が自分の作業が終わると同時に釜の洗浄に取りかかり、洗浄水がまだ作業中の隣の釜まで飛んでいた。
・冷却室の天井に結露が発生し、下に置いたむき出しの製品に落下していた。日ごろ結露が発生していることを認識していなかった。
・ラインの洗浄後、ベルトコンベアに汚れが残っていたが、記録には「作業した」とあり、きちんと洗浄できたことをモニタリングしたものではなかった。

---

(4) 文書の確認：記録様式のデザインを見る

　点検者（チーム）の考えがまとまったら、文書の内容を確認する。HACCPを適用していれば製品説明書、フローダイアグラム、ハザード分析結果、HACCPプラン、SSOPなど、通常HACCP文書と呼ばれる文書類が存在するので、それらの文書の内容を確認する。HACCPを適用していない場合は、それらに該当する文書が何であるか探し出さなければならないが、製品仕様書、QC工程表、工程管理表等、様々な文書を確認することになるであろう。従ってHACCPを適用することは、現場側と点検者側のコミュニケーションを円滑にする効果もある。

　HACCPを適用している場合の点検について、以下に述べる。

　① 製品説明書、フローダイアグラムの確認

　　まず、製品説明書とフローダイアグラムは、ウォーク・スルーで確認したとおりであったか比較する。一致しない場合は、その違いについて対応者から説明を求めるか、

再度、現場で確認する必要がある。点検者が見落としていたり、現場で機器や作業手順の変更があったにもかかわらず、フローダイアラムが修正されていないことがある。

② ハザード分析結果の評価

点検者（チーム）は、自ら行った潜在的なハザードの重要性の判断、管理手段および特定されたCCPと、実施済みのハザード分析結果を比較する。

ハザード分析結果の比較では、次の結論が得られる。点検者（チーム）が特定したCCPと比較して、①数も場所も一致する、②数は一致するが場所が異なる、③数が少ない、④数が多い—いずれも、まずHACCPプランで管理すべき重要なハザードが一致しているかいないかを確認する。

重要なハザードが同じであっても、CCPが異なったり、少なかったりすることはあり得る。点検者（チーム）は、CCPを設定した根拠について質問し、現場側の論理的根拠を理解しなければならない。不必要なCCPが特定されている場合は、HACCPプランの意味が曖昧になること、現場に過度の負担がかかり効果的でないことを説明する必要がある。実際、HACCPプランで管理すべき重要なハザードの例はそれほど多いものではない（**表8.4**）。

③ HACCPプランの評価

衛生点検は、予め設定された基準に基づいて実施される。最初のHACCPシステム適用段階と、システムの運用、維持の段階では検証の基準は異なる。しかし、HACCPシステムの本来の目的は重要なハザードを確実に管理することであり、HACCP文書の書き方の上手い下手ではない。確実な管理とは、CCPに該当する工程のパラメータがモニタリングされ、CL（Critical Limit：管理基準）を超えたときには改善措置がと

表8.4 重要なハザードの捉え方の例[8]

- 不適切な時間／温度管理に起因する病原菌の増殖および毒素の産生
- ボツリヌス菌の毒素の産生
- 不適切な乾燥処理に起因する病原菌および毒素の産生
- バッターミックス液中での黄色ブドウ球菌の毒素の産生
- 加熱調理後も生残する病原菌
- 低温殺菌後も生残する病原菌
- 低温殺菌および特定の加熱調理後の病原菌の侵入
- 原料に由来する残留動物用医薬品
- 原料に由来するヒスタミンの存在
- 加工工程中のヒスタミンの産生
- 原料に由来するアフラトキシンの存在
- 工程に由来するアレルギー物質の混入
- 使用禁止の食品添加物の混入
- 原料および工程からの金属片の混入
- 工程に由来するガラス片の混入

られ、それらの記録が適切に付けられて保管されていることである。HACCP文書の内容を検証するときに大切なポイントは、実際の工程の管理が適切であるか否かである。文書の不備は、単に文書の不備でしかない。

　HACCPプランがある場合は、その内容について評価する。とくに、HACCPプランで規定するモニタリング方法に対応する記録様式が作成されているか否かを評価する。記録様式のデザインが不備で、実際には適切にモニタリングしているのに、モニタリング活動が不適切であると評価されてしまうこともある。

　SSOPの記録様式についても同様である。とくにSSOPではモニタリングの結果、衛生管理手順に不備があったときにその記録を付け、さらに事態を修正し、その記録を付けることが求められる。不備があったときの活動記録が残せる様式であることは、SSOPの実施上、最大のポイントといってよい。

　衛生点検の当日に初めて各種の文書を評価する場合、あるいは文書の評価結果から疑問が生じた場合は、再度現場に戻り、現場の観察およびインタビューを行う。

(5)　記録の点検と評価：モノ言う記録。記録と記録の間から浮かび上がるものがある

　記録を点検し、次の事項を評価することにより、食品の安全性が一貫して適切に確保されているか否かを判断することができる。

　一定の製造日の、重要管理点（殺菌、加熱、冷却など）に関する記録およびSSOPに関する記録を抽出する。抽出の方法は様々あるが、点検すべき期間（製造日数）の平方根、または12日のいずれか大きいほうの日数を選ぶとよいとされている[6,7]。ある製造日の記録を調べれば、その日の工場の作業内容の全体が理解できる。特定の製品を衛生点検することが指示されていなければ、ウォーク・スルーで、実際の記録付けの様子を観察することができる衛生点検当日に製造されている製品を選ぶ。ウォーク・スルーの最中、または記録の点検中に、他の製品にも影響を及ぼす可能性のある問題が発見されれば、それらの製品も対象として記録を点検する。

　記録を点検する目的の1つは、時間と製造ラインの両方から問題の範囲を特定することである。例えば、以下のような問題点などが観察されるかもしれない。

> ・重要管理点1のモニタリング記録は17：30が最後になっているが、重要管理点2の記録は20：04まであった。1と2の間は短時間であり、17：30に1は終了しておらず17：30以降の記録がなかった。1のモニタリング担当者の勤務終了後、モニタリング担当者が不在となったこと、当該シフトの作業者は、測定したが記録しなかったことが原因であった。
> ・あるバッチの加熱工程のモニタリング記録は、13：15となっていた。その後の冷却工程のモニタリング記録によれば、15：30に冷却後中心温度が10℃以下となってい

た。通常、冷却には 15 分しかかからないので、加熱後、約 2 時間放置されていた可能性があった。
- ある期間、温度のモニタリング記録の小数点以下の書き方が普段と異なっていた。その理由をヒアリングしたところ、温度計が壊れたので修理に出していたことがわかった。その間どのように測定したのか記録がなかったが、記憶から、予備の温度計を使ったことがわかった。しかし、予備の温度計は校正されておらず、その間の重要管理点が適切に管理されていたことを保証できなかった。
- 製品の微生物試験は定期的に外部機関に依頼していたが、単に、試験成績書がファイルされているだけで、検証結果の点検が行われていなかった。また、試験検体の採取方法、試験部位および試料調製方法の記録がなかった。

(6) 報告書の作成：客観的な事実を記録しておかないと書けない

点検者（チーム）は、発見した不適合を整理して報告書を作成する。

衛生点検の計画時、明確にした基準に沿って各事項について、適合、不適合の評価を行う。「適合」、「不適合」の 2 段階よりも、食品の安全性に対する影響度で、「良好」、「軽微な不適合」、「重大な不適合」、「危険な不適合」、「致命的」等の段階にするとよい。食品の安全性に直接影響する不適合は、「致命的」という評価にせざるを得ない。

しかし、「軽微」、あるいは「重大」の評価がいくつかあった場合には、それを計画的に改善していくことが衛生管理システムの PDCA サイクルとなる。例えば、次のような不適合があった場合の評価と、総合評価のレベル判定が必要であれば、その基準を予め決めておく必要がある。

- 2010 年 5 月 18 日、08：20 の時点で 30 分毎に記入されるはずの加熱工程のモニタリング記録が、当日の 08：30 から 13：30 まですでに記入されていた。
- 加熱工程のモニタリング記録には、測定予定時刻が記入されており、実際のモニタリング時刻は記録されていなかった。
- 2010 年 5 月 18 日の殺菌工程のモニタリング記録において、殺菌温度が管理基準を 3℃下回ることが 2 回あったが、製品に対する措置の内容が記録されていなかった。
- 2010 年 5 月 18 日の殺菌工程のモニタリング記録において、殺菌温度が管理基準を 3℃下回ることが 2 回あったが、製品に対する措置を実施していなかった。
- SSOP では、調理台は使用後、洗浄・殺菌することが規定されているが、2010 年 5 月 18 日の担当者は 17：30 に水で洗浄しただけで、殺菌しなかった。SSOP のモニタリング記録では、毎日、洗浄・殺菌は "OK" と記録されていた。
- 男性従業員用トイレの手指洗浄用の容器 2 台は、いずれもノズルがさびついており、洗剤が出なかった。SSOP のモニタリング記録では、毎日、洗剤は "OK" と記録されていた。

(7) 終了時会議：合意の形成と、改善の機会を作る

終了時会議では、点検者（チーム）は会議出席者に対し、関係者の協力により衛生点検が無事終了したことについて礼を述べる。その後、点検者（チーム）は、予め作成した報告書の内容を説明する。必要な部数をコピーして、会議出席者に配付するとよい[5]。

その後、会議出席者からの質問に答える。外部の第三者が実施する場合、不適合に対する是正について点検側からのコンサルは禁じられていることが多い（ISOの審査では明確に禁止されている）が、自社で実施する場合はコンサルも可能である。しかし、報告書の作成と同様、個人的見解や憶測によるアドバイスは避けなければならない。最終的な是正計画は当事者が作成すべきである。

報告書の内容に合意を得たのち、点検者（責任者）および会議出席者の代表（衛生点検対象部門）は日付とともに署名する。終了時会議では報告書の原案を公表し、最終的な報告書は後日提出することもあるが、あくまでも合意を得た客観的な事実の範囲を超えてはならない。

衛生点検は以上のように実施されるが、点検者は点検計画から実施、方法に至る過程を見直し、次回の衛生点検に備えなければならない。冒頭述べたとおり、食品工場の衛生点検は、「食品工場が、日常的に製品の安全性を確保できる状況で製造し、その記録を付け、保存しているかを、基準に照らして、適不適や異状・不正の有無などを調べること」である。衛生点検のゴールは、食品安全に関する重要なハザードが適切に管理されていること、また、CL（管理基準）からの逸脱があった場合には、製品に対する措置を実施していることを確認することにある。とくに製品に対する措置は、モニタリングからの逸脱発生時と同様、温度計の校正や試験検査などの検証活動の結果から、実施しなければならないことがあると認識しておくことが重要なポイントである。検証活動から判明した製品に対する措置の対象は広範にわたり、消費者にとっても企業にとってもリスクは大きくなる。

本章で述べた衛生点検も、広い意味で検証活動の1つである。検証活動の頻度は、衛生管理システムを運用しながら変更していくことが可能である。「年に1回」と規定するのではなく、「致命的な不適合」があった場合はただちに是正対策を講じ、再度衛生点検を、また「重大な不適合」や「危険な不適合」があった場合は、頻度を上げて衛生点検を実施すべきであろう。

そのためには、点検する側、点検される側の合意形成が不可欠である。衛生管理システムのPDCAサイクルと衛生点検のPDCAサイクルの両者が相まって、食品の安全性は維持される。とりわけ、点検する側の力量は重要な役割を持つ。このような点検を監査と呼ぶことは先に述べたが、監査の原語は「audit」である。監査は「監査する側（auditor）」

と「監査される側 (auditee)」から構成される。「Audi-」とあることからわかるとおり、監査の原点は「聴くこと」にある。社内で衛生点検を実施すれば、ときには点検する側になることもあろう。衛生点検する側、される側がお互いの意見を聴き、議論を通じて社内の衛生管理システムへの理解を深め、食品の安全性が確保されることを期待したい。さらに、企業内のコミュニケーションとマネジメントシステムを向上させるためにも、このような衛生点検を有効に活用したいものである。最後に、効率的な衛生点検を進めるために、HACCPシステムの普及が欠かせないことを強調しておきたい。

参 考 資 料

1) Hazard analysis and critical control point (HACCP) system and guidelines for its application: Annex to CAC/RCP 1-1969 (Rev. 4-2003)
2) Recommended international code of practice general principles of food hygiene: CAC/RCP 1-1969, Rev. 4-2003
3) HACCPシステム実施のための資料集、平成19年改訂版：社団法人 日本食品衛生協会 (2007)
4) JIS Q 19011:2003 品質及び／又は環境マネジメントシステム監査のための指針：財団法人 日本規格協会 (2003)
5) 水産食品加工施設HACCP認定基準：社団法人 大日本水産会 (2009)
6) HACCP監視トレーニングプログラム (Seafood HACCP Regulator Training Program by FDA) HACCPの実践的なノウハウを身につけるために：厚生省生活衛生局乳肉衛生課監修、社団法人 日本食品衛生協会 (1998)
7) Juice HACCP Regulator Training (2002) http://www.fda.gov/Food/FoodSafety/HazardAnalysisCriticalControlPointsHACCP/JuiceHACCP/ucm114860.htm
8) FDA魚介類と魚介類製品における危害とそのコントロールの指針（第3版）：社団法人 大日本水産会 (2002)

（荒木 惠美子）

第9章　建築設備から見たハザードに強い食品工場

9.1　建築設備から見た、ハザードに強い工場とは

　食品安全の問題は、食品の企画・設計の段階で決定された内容に左右されることが多い。食中毒などの発生要因は、病原微生物や化学薬品などが汚染、混入、増殖することで起きることが多く、食品安全対策はこれらの要因を防止することが基本となる。このことから、ハザード（危害）に強い工場とは、上記の基本的な対策がとりやすい施設となっているということになる。

　食中毒の発生を未然に防止するためには、その管理手順の実施が容易な環境となっている必要がある。例えば、整理整頓が行き届き不要なものがなく、設置された機器も壁から一定距離離れていて掃除しやすい状態であることが、清掃手順実施容易な環境といえる。つまり、食品安全の基本的な取り組みは、一般的衛生管理を中心に実施すべきであるが、これらの取り組みが有効的かつ効率的に実施できるように建築設備などのハード面を適切に整えることは大きな意味がある。

　食品製造の施設を計画する段階で、作業動線や施設・設備の適切性により、作業環境の衛生状態が左右される。従って、施設・建築の設計段階から衛生的な配慮がなされれば、食品製造時の管理がしやすく、出来上がった製品のハザードレベルを低く抑えることができる。

　同様に、新商品の企画・設計および製造時の詳細な製造設計を衛生面に考慮して行うことが、施設設計とあわせてその後の衛生管理のキーとなる。

　企画・設計および詳細な製造設計は、どのような食品をどのように取り扱い、販売するか、そのためにはどのような場所で、どのような機械を使って製造するかを詳細に計画することである。計画の段階で設備をリストアップ・配置し、電気・機材・配管などを図面に落とし込み、衛生的な視点で配置等全体を考慮しながら変更・修正していくことで、潜在的な問題点を発見できる。この計画段階で清掃のしやすさ等を改善できれば、その後の余分な設備投資を抑えることができるし、労働付加も低減できる。

9.1.1　施設の設計において考慮すべき事項

　国は特定の食品業種の製造に対して、各都道府県で施設基準を設け、それに適合する工

場に対して営業許可を与えるように食品衛生法で規定している。同じ製造業種であっても、施設の規模や販売方法の違いによって管理すべきポイントも違ってくるので、管理しやすいような施設を検討する必要がある。従って、次のようなポイントを考慮して、施設の設計や管理方法を検討してみるとよいであろう。

・原料の種類と特性
・最終製品のハザードレベル（許容水準）
・殺菌工程や洗浄、カット、混合など複雑な工程や装置の有無
・製造時間や製造量
・配送時間と配送頻度
・1日のシフト数と1シフトの最大従業員数
・経営者および従業員の衛生管理能力
・フードチェーンにおける管理の適切性
・法令規制要求事項　など

　考慮すべき対象施設・設備については、その構造と材質および配置に留意することが重要になる。また、施設・設備は衛生管理の取り組みと関連させて考えなければならず、ただ、施設・設備を新しくしただけでは衛生的な作業環境になることはない。一般的衛生管理プログラムは、安全な食品を製造・加工するために、施設・設備器具の保守管理や洗浄・殺菌、従業員の衛生管理等、食品取り扱い作業環境を整えるために、一般的に行う衛生管理のプログラムである。安全な食品を作り、取り扱うためには、フードチェーン全体の衛生環境の維持に必要な基本的条件や活動があり、特に、微生物汚染や増殖を防止するためには、一般的衛生管理プログラムが必要になる。世界的に定評のあるHACCPシステムも、一般的衛生管理プログラムを基礎として成り立つものであり、食品安全の重要な事項である。

9.2　施設要件の基準

　一般的衛生管理プログラムが実効性のあるものにするために施設・設備にも要件があり、安全な食品を製造し、提供するための施設の要件についてはいくつかの文書が国内外で示されているので、代表的なものを次に示す。

1)　コーデックス基準（FAO／WHO）

　食品工場で安全な食品を作るための施設要件は、コーデックスの一般的衛生管理プログラムとして示されている「食品衛生の一般原則」を参考にすることができる。コーデック

スで示された一般的衛生管理プログラムとは、HACCPシステム構築の前提条件プログラムであり、次の8つの衛生事項のことをいう。

コーデックス委員会の「食品衛生の一般原則」

1. 一次生産（原材料の生産）
2. 施設：設計および設備
3. 食品の取り扱い管理
4. 施設：保守管理および衛生管理
5. 商品従事者の衛生管理
6. 食品の搬送
7. 製品の情報および消費者の意識
8. 食品従事者の教育・訓練

上記8要件のうち2番目の「施設：設計および設備」には、汚染を最小限にするための施設設備や装置の設計、および設置について示されている。

2) 米国食品医薬品局（FDA）の施設基準

米国では、食品施設の新築・改築などの際には、食品衛生規則の施設基準に準拠して出されたガイドに従って立てられている必要があり、営業許可などの審査の際にはガイドに基づいて行われる。米国FDAの施設ガイドには、床や壁、天井、照明、換気などの施工基準が具体的に定められている。特に設備の設置方法については、壁からの距離や床からの高さなど具体的な数値が示されている。

3) 施設基準（各都道府県）

日本では食品衛生法（第51条）の規定に基づいて、各都道府県が施設基準を設定している。所轄の保健所が食品関連施設に対して営業許可を与える場合、施設基準に適合しているかどうかで判断する。

4) 個別の衛生規範（厚生労働省）

日本では特定の業種に対して、施設基準を含む次のような衛生規範が厚生省から出されている。

- 弁当及びそうざいの衛生規範（昭和54年6月29日環食第161号厚生省通知）
- 漬物の衛生規範（昭和56年9月24日環食第214号厚生省通知）
- 洋生菓子の衛生規範（昭和58年3月31日環食第54号厚生省通知）
- キッチン／カミサリー・システムの衛生規範（昭和62年1月20日衛食第6号厚生省通知）
- 生めん類の衛生規範（平成3年4月25日衛食第61号厚生省通知）

衛生規範には、施設基準のほかに衛生管理に関する事項が多く示されている。これら衛生規範はガイドライン（指針）であるが、保健所等の規制当局は衛生規範に基づいて指導を行っていることを考えると、参考にするというのではなく、「積極的に遵守する」と考えるほうがよい。

9.3 立地：施設の環境

食品工場を建てる場合、施設周辺の環境からの悪影響を極力避けなければならない。

施設周辺に汚水や廃棄物の処理場があると、異臭が流れ込んだり、有害虫が侵入して、食品への悪影響を及ぼすことが考えられる。また同様に、家畜の飼育場があれば動物の糞尿や、それに由来するハエなどが入り込むと病原性微生物の汚染リスクが高まることになるので、そのような場所の近くに食品工場を建てることは避けなければならない。

しかし、必ずしも理想的な場所に工場を建てることができるとは限らない。安い土地を求めて山林近くに建てることもあり（図9.1）、その場合、周辺からそ族・昆虫の侵入するリスクが高まる。このようなときはプラットホームを高くしたり、シャッター周りにブラシを取り付けることで、隙間からそ族・昆虫を侵入防止することが求められる（図9.2）。また、施設の排水口、排気・吸気口、窓にはステンレス製の網をつけることなどが対応策として考えられる。このような対策を講じることによって、食品への影響を低減させるといった管理手順を実施し、カバーすることができればよい。

このような対応をかいくぐり侵入した昆虫については、適切な方法で捕捉して、施設内部で繁殖したりしないようにしっかりと対策を立てなければならない。

図9.1 惣菜工場（山中に建設）

図9.3は、工場内に侵入した飛来虫を捕捉する捕虫器である。青色の誘引灯の上下に粘着テープがあり、近寄ってきた虫を粘着テープにて捕まえる。誘引灯は昆虫を引き寄せる効果が非常に高いので、適切な取り扱いをしないとかえって工場外の虫を施設に呼び寄せることになる。捕虫器の設置場所は、誘引灯の光が外に漏

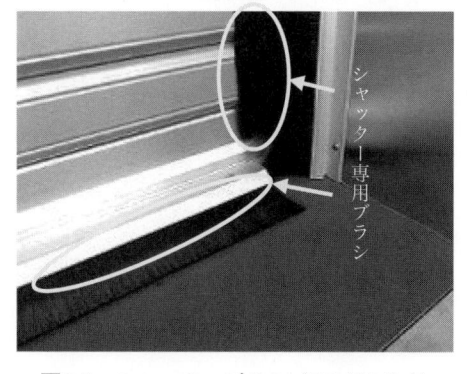

図9.2 シャッターブラシ（昆虫侵入防止）

図9.3 捕虫器

れない位置に取り付ける配慮が求められる。

また、工場内の明かりも、夜になると虫を誘引することになるので、窓には紫外線カットフィルムを張ると誘引防止効果がある。同様に、原料や製品の入出荷時にはドアが開放されるため、紫外線を減少させるビニールカーテンや、作業時には送風機を稼働させ、飛来虫の侵入を防止するといった対策も考えられる。

9.4　施設の構内と室内（作業区域、作業動線）

食品施設の「床、壁、天井」は作業環境に重要な影響を与えるため、個別に説明する。

例えば豆腐工場の場合、大豆から豆乳を作り、これを原料として豆腐を作るという一連の作業がある。その過程で、豆乳を加熱したり、包装後の豆腐を殺菌する等の工程がある。その際、作業場内は高温多湿状態となり、天井や壁面に結露が生じ、カビ発生の原因となるなど衛生環境を低下させることになる。従って、施設は極力結露を防止できるような配慮が求められる。このように、直接食品とは接触しなくても、施設の衛生状態を考慮することは重要である。

また、衛生的な作業環境の中で食品製造を行うために、汚染区と非汚染区（清潔区）を隔壁などで仕切る場合、作業内容・施設立地条件によりワンフロアで管理する考え方もあり、どちらにしても全体の作業内容を見て妥当性を判断することになる。同時に、施設設備の配置と作業動線が衛生的な視点で考慮され、図面に落とし込むことが重要である。すでに出来上がっている施設であれば、再度、現状の作業状態が衛生的に問題ないか、さらに改善ができないかといった、新たな課題を見つけ出す作業も重要になる。

1) 作業区域

施設は、作業環境の衛生レベルに応じて清潔区、非清潔区などのように区分する必要がある。清潔区および非清潔区に区分することで、そこでの生産活動に対してハザードをコ

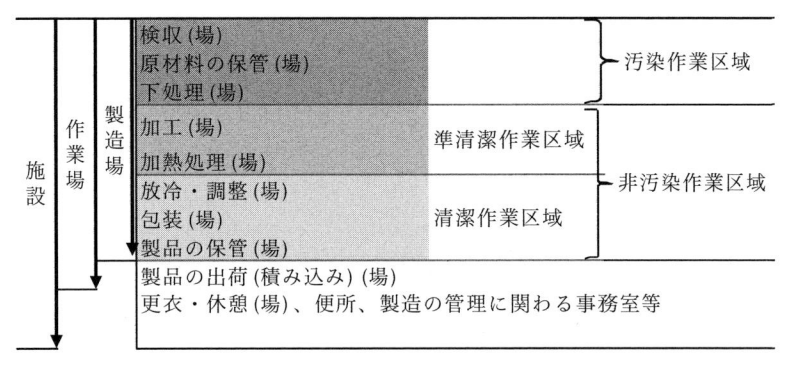

第9章 建築設備から見たハザードに強い食品工場   147

```
施設 ┬ 作業場 ┬ 製造場 ┬ 検収(場)                    ┐
     │        │        │ 原材料の保管(場)              ├ 汚染作業区域
     │        │        │ 下処理(場)                    ┘
     │        │        │ 加工(場)           ┐準清潔作業区域 ┐
     │        │        │ 加熱処理(場)       ┘              │非汚染作業区域
     │        │        │ 放冷・調整(場)                     │
     │        │        │ 包装(場)           清潔作業区域    │
     │        │        │ 製品の保管(場)                     ┘
     │        │        └ 製品の出荷(積み込み)(場)
     │        └ 更衣・休憩(場)、便所、製造の管理に関わる事務室等
```

図9.4 作業区分（弁当及びそうざいの衛生規範）

ントロールしやすくするという狙いがある。例えば、床や壁、天井の材質および構造が食品衛生に及ぼす影響は、生の原材料を取り扱う場所（非清潔区域）と、加熱後の食品を包装するような場所（清潔区域）-では異なってくる。また、冷凍肉を解凍する工程と、加熱後の製品を包装する工程が仕切りなしの同じ場所で行われているなら、肉由来の病原微生物が包装直前の製品を汚染する危険性が極めて高い。

　このようなリスクを避けるために、明確に作業エリアを区分するよう隔壁などで仕切り、作業者の往来も制限することで、包装エリアへの病原微生物の汚染を低下させることができる。そのような意味で、隔壁による区分けは非常に重要である。**図9.4**は、「弁当及びそうざいの衛生規範」が示す衛生区分である。

　汚染作業区域は、原料由来のハザードのコントロールが難しいため、作業エリアが生物的、化学的、物理的ハザードにさらされる可能性が高い。図9.4で見ると、汚染作業区域は「原材料の検収、保管、下処理場」となっている。

　清潔作業区域は、ハザードのコントロールを厳しく行うために、人や物の出入りおよび作業中の生物的、化学的、物理的ハザードの発生や持ち込みを防止する。この区域での作業は、具体的には「盛付作業、包装作業、加熱調理後の冷却作業、和え物工程」などが考えられる。

　準清潔作業区域に関しては、清潔作業区域ほど厳重な管理は求めない場合に設定されるエリアと認識してかまわないが、加工や加熱処理を、清潔作業区域に設定している企業もあり、それぞれの施設の実情や考え方に応じて決定すればよい。

2) 作業動線

　食品施設の作業環境および作業内容が原因で、食品への微生物汚染が起きる場合がある。直接食品に接触する包丁やまな板、加工装置、搬送ベルト、そして人の手指を介して食品が汚染される。食品と接触する部分については一般的衛生管理により衛生的な状態を維持し、最終製品のハザードを許容水準内に維持することが重要になってくる。

(A) 短直線ライン

原料受入 → 原料保管 → 下処理 → 調理 → 冷却 → 盛付 → 保管 → 弁当出荷 ⇒ 弁当受入 ⇒ 保管 ⇒ 提供

(B) 長交差ライン

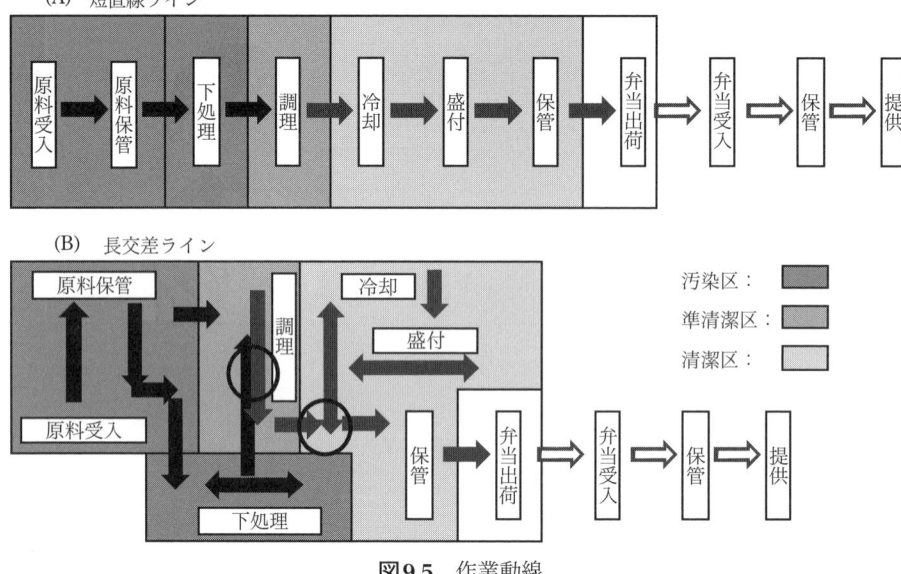

汚染区：
準清潔区：
清潔区：

図9.5 作業動線

　この、製造中の汚染のリスクを左右するものの1つに、作業動線がある。作業動線が複雑で長ければ、それだけ汚染のリスクが高まることになる（図9.5）。

　図9.5は、弁当工場の作業内容と作業動線を作業エリア上に示している。図の「(A) 短直線ライン」は動線が直線となっているが、「(B) 長交差ライン」は動線が複雑になっていることがわかる。特に、調理の場所は加熱前後の食品が交差するので管理が難しくなる。

　長交差ラインのように動線が複雑になると、汚染の機会が増えたり、作業工程の長時間化による微生物増殖の危険性が高まることになる。従って、土地や設計上の制約がなければ「(A) 短直線ライン」のような動線を計画することが理想である。

　しかし、ほとんどの場合、立地条件の制約から(B)のように作業動線が入り組んでいることが多いのが現実である。従って、少しでも動線を短縮化し、交差などを避けた作業工程へとレイアウトの変更などを検討し、できるだけ動きやすく衛生的な作業環境となるよう継続的改善を続けるべきである。

　図9.6に実際の大量調理施設の作業区分と作業動線図を落とし込んだ図を示した。このように施設図面に作業区分と作業動線を書き込むと、衛生上の課題や管理ポイントがつかみやすくなる。薄い色の矢印は人の動きを、濃い矢印は物（食品）の動きを示している。

9.5　施設の構築物

　一般的に構造物に求められる衛生要件は「耐久性のある材質、保守管理の容易性、清掃、

(汚染区：■　準清潔区：■　清潔区：□　)

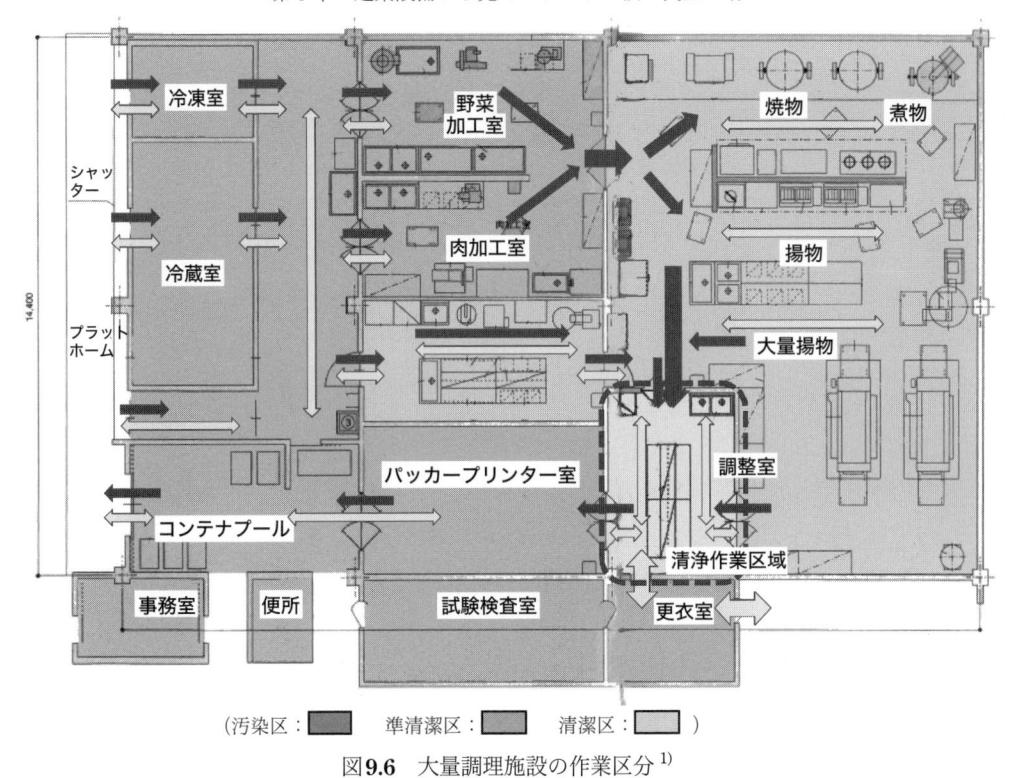

図9.6　大量調理施設の作業区分[1]

消毒実施可」などがある。食品を製造する施設は、病原微生物などが汚染しないように洗浄・殺菌などを行って、常に清潔な状態を維持する。従って、施設・設備には毎日の洗浄などの作業でも劣化しないような耐久性が求められる。

コーデックス基準では具体的に建築物の要件が示されているので、次に示す。

〈コーデックス委員会で示されている施設要件〉

- 壁、隔壁、床は不浸透性材質かつ表面は平滑
- 床は排水、洗浄可能構造
- 天井および頭上設備は埃、凝固水、水滴落下や流れを最小化とする構造
- 窓は清掃性、埃堆積最少構造で、取り外し可能な清浄なもの（場合により固定する）
- ドアは開閉のスムーズな、表面が非吸収性、清掃容易で消毒可能
- 食品が接触する表面は耐久性有り、清掃、保守、消毒が容易、非吸収性で食品や洗剤等の薬品で変化無し

1) 床

床は、食品製造において最も過酷な影響を受ける場所である。そのため、適切な床工事をしないと、いずれ床が損傷し作業に支障を来すようになる。そうなると微生物の温床となり、衛生的な問題が生じるだけでなく、作業効率の低下や労働安全上においても悪い影

図9.7 床の素地（モルタル）が露出

響を及ぼすことになりかねない。床に影響を及ぼす一般的な要因には「熱・酸・油・糖・薬剤・物理的要因（衝撃など）」などがある。

このような要因により床が損傷を受け、床材がはがれたり、穴が空いたりして内部へと劣化が進行すると微生物汚染が始まり、適切な処置を怠れば製造に支障を来すまでになる（**図9.7**）。

床に劣化が生じた場合は、速やかな補修を行うことが重要である。もし、補修が遅れると床材とモルタルの境界面に沿って劣化が進み、広範囲に床材の剥離が生じてしまうことになる。そうなってしまうと、微生物の温床となり衛生状態は悪くなる。

また、作業終了後の清掃で水を使用する場合、床に勾配をつけて水が溜まらないようにすることも重要である。**図9.8**には、床の基本的な構造を示した。

2) 壁と天井

壁は、表面が床から少なくとも1m以上が不浸透性、耐酸性、耐熱性の材質でなければならない。不浸透性の材質で一般的なものに、パネル、ステンレスの板があるが、水を浸透させず、掃除が容易なものであれば問題ない。しかし、表面がデコボコして汚れが落ちにくいものは適さない。

天井も、不浸透性の材質にすべきである。天井は水に直接接触していないので、軽量で耐熱性がありコストも安い石膏ボードのような素材を使用している施設を見ることがあるが、天井に石膏ボードを使用すると、結露によりカビが発生することがある。防カビ塗装を施して対処する場合もあるが、多くの場合うまくいっていない。石膏ボードのような内部が多孔質になっている材質は、カビなどの汚染により劣化が進み、衛生環境を悪化させる。従って、天井も定期的に掃除を行う必要があり、表面は平滑で耐久性が求められる。

図9.9は床と壁の境界を写しているが、ゴミが溜まりやすいところでもあるので、掃除しやすいように不浸透性の材質でアールをつけている。

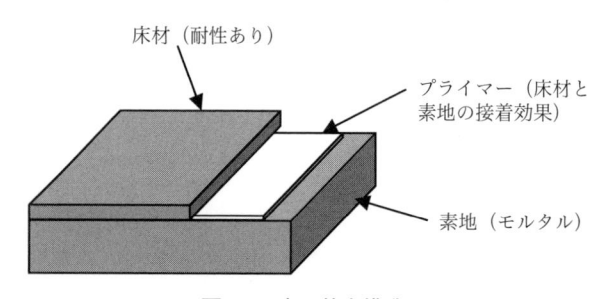

図9.8 床の基本構造

第 9 章　建築設備から見たハザードに強い食品工場　　151

図9.9　壁（左：ステンレス、右：パネル）　　**図9.10**　天井（石膏ボード）

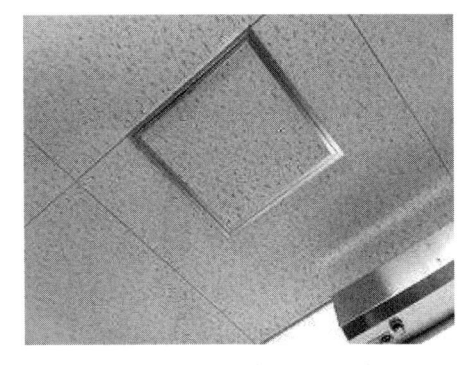

図 9.10 は、石膏ボードを天井に使用した施設である。事務所など作業エリア外であれば問題ないが、作業場内には使用すべきでない。

3) 窓

窓は太陽光の取り入れと、外気の取り入れを目的とする施設が多い。明かりの取り入れについては作業環境の視点からも重要であるが、透明なガラスからそのまま直射日光を取り込むと、施設内部の温度上昇や紫外線により機器類が劣化するといった悪影響がある。このような悪影響を低減させるために、紫外線カットフィルムを貼って対応する（**図9.11**）。

窓を設置する場合は、窓の下部にホコリが溜まらないように 45°以下の傾斜をつけることが望ましい（**図9.12**）。さらに、窓から外気を取り込むのであれば、網戸を付けて虫の侵入を防止しなければならない。網戸を付ける場合は、網目の格子幅が 1.5mm（#17）以下であることが望ましいとされているが、できれば 0.5mm（#50）程度の網目にするとかなり小さな昆虫の侵入を防止できる。しかし、0.5mm 幅だと網目が詰まりやすいため頻繁な清掃が必要で、ステンレスのように耐久性の高い材質にする必要がある。

図9.11　紫外線カットフィルム

4) 排水

排水溝は、ドライ化を考えると作らないほうがよい。作業により発生する排水の量が多く、

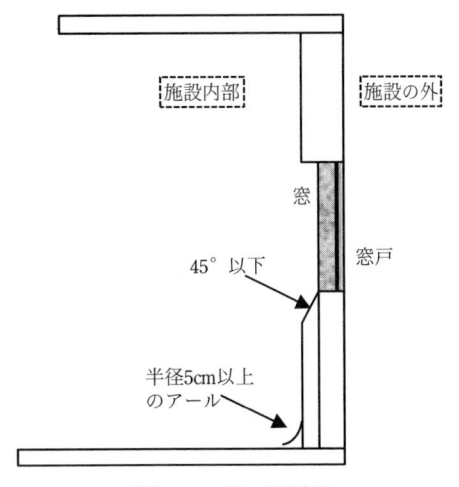

図9.12　窓の設置図

図9.13 排水溝（枡）と床との境界面

図9.15 簡易グリストラップ

どうしても排水溝が必要である場合は、できるだけ清掃のしやすい構造で作ることが重要である。また、排水溝の位置も機械装置や作業台の直下を避けて、デッキブラシなどの掃除用具の使用が可能な設計になっていることが大切である（図9.13、図9.14）。

排水は公共の下水に直接流すか、工場敷地内または共同の下水処理施設にて処理し、排水基準をクリアーさせることが義務付けられている。排水量が少ない施設であれば、グリストラップを用いた簡易式浄化装置（図9.15）を設置したり、トイレの処理と合わせて使う合併浄化設備により対応することも可能である。どちらにしろ、メンテナンスや掃除がしやすく衛生的に管理できなければならない。

グリストラップは、内部が3層に区分されていて、油が固まって滞留するような構造になっている（図9.16）。施設責任者は、工場排水をそのまま流して環境を汚染しないように、溜まった油分や食品残渣は定期的に取り除くようにする。

5）ウエットシステムとドライシステム

ウエットシステムは、床を常に濡れた状態にするために水を流し、床勾配により流した水が排水溝へと集まるシステムをいう。それに対してドライシステムは、製造中に水を使用しないように製造設計を行う仕組みである。例えば、シンクや洗浄機から出てくる水を床に流さず、排水管を排水溝に直接つなぐようにする。排水溝がない施設は、シンクから出る排水を床下のピットに集中させて、施設外へ出す方法がとられる。

ドライシステムを採用し、床を常に乾燥状態に保持すると、微生物の繁殖が抑えられ衛生的である。また、床の勾配をとる必要がなくなるので、作業がしやすくなるというメ

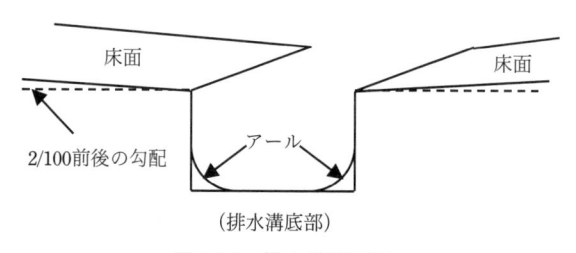

図9.14 排水溝断面図

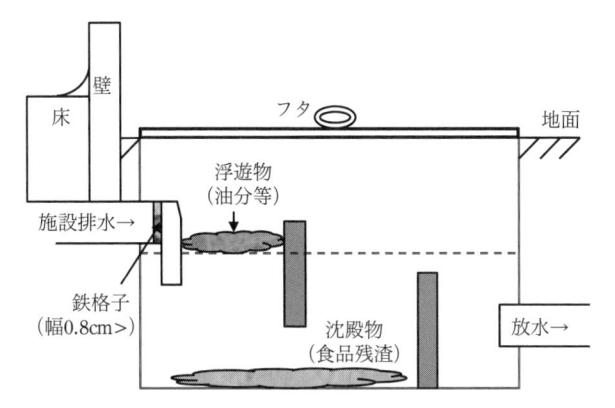

第9章　建築設備から見たハザードに強い食品工場　　153

図9.16　グリストラップ断面図

図9.17　豆腐工場のドライシステム化

リットもある。**図9.17**は豆腐工場の例であるが、床下には温水パイプが設置され、製造時に使用している温水を利用して、作業終了後に床を乾かしている。このように、作業時はウエットであったとしても、作業終了後に清掃を行い最後に床を乾かすだけで、室内の微生物汚染はかなり抑制される。

　図9.17のケースでは、設計段階からドライシステム化を検討できたので実現可能となったが、一般の食品工場ではこのようなシステムの導入は少なく、製造工程で床を汚したり、シンクでの作業で水が床に漏れることもあり、完全なドライ状態で作業ができるわけではない。また、作業終了後には汚れた床を洗浄するときに水を使うこともあり、このような場合は速やかにモップで拭き上げるか、水切りワイパーで排水枡に水を集め、排出することを心掛ける必要がある。

　従って、基本的にはドライシステムを目指し

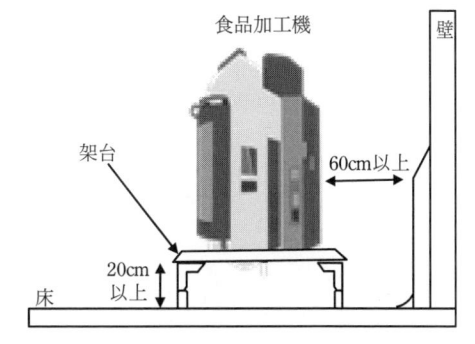

図9.18　装置と架台の断面図

た仕様にするが、実際には清掃時等の水使用を想定し、排水枡の設置などでドライ化の対応をしている工場もある。

図9.18にはドライシステム装置の模式図を示した。

6) 施設に生じる結露（カビの発生要因）

食品工場で問題となることが多いカビ対策は、施設・設備の適切性が重要になる。例えば、調理工程や殺菌工程で熱湯や蒸気を使う場合、どうしても天井および壁面に結露が生じ、そこからカビが発生することが多い。また、冷凍冷蔵庫の壁面が結露したり、空調の冷媒管やドレイン管などが結露してカビが発生しているのを見ることが多い。これらは設計の段階での失敗か、全く考慮されていなかったのであろう。対策をうまく行えばカビの発生を抑えることができる。

しかし、結露対策は作業状況を考慮しながら体系的に対策を講じないと成功しない。どのような食品がどのような特性をもち、どのような製造装置や取り扱いがなされるのか、また、その状態はどれくらい続くのか、また、季節変動性や急な大量注文があった場合、製造条件の変化や製造環境への影響があるのかなど、さまざまなことを考える必要があり、過去の自社経験値や業界、および規制当局（保健所など）の情報を参考にして、施設の詳細な設計を行っていく。しかし、これらのことを考慮したとしても、これで十分であるといえる状態になることはなく、稼動してはじめて個々の施設特有の影響が表出してくることもある。

その他、目に触れない天井裏や壁面の内側、床下のピットなど、結露の発生する場所は多くあるが、ここでは作業エリアに的を絞って述べる。

まず、設計の段階で結露しないようにすることができないか検討する。結露が生じる原理は、ある湿度の条件下では壁面、または配管表面温度と室内温度の差が大きくなると発生する（後述、図9.21）。従って、結露が発生する温度差を防ぐ手段を講じる必要があり、具体的には、冷凍冷蔵庫については断熱パネル表面が冷えないように、断熱効果を高めるために厚めのパネルを採用すると効果的である。また、ステンレス製の配管などは表面に断熱材を吹き付けるか、

図9.19 通路の壁が結露

図9.20 冷凍庫壁面の結露と霜の付着

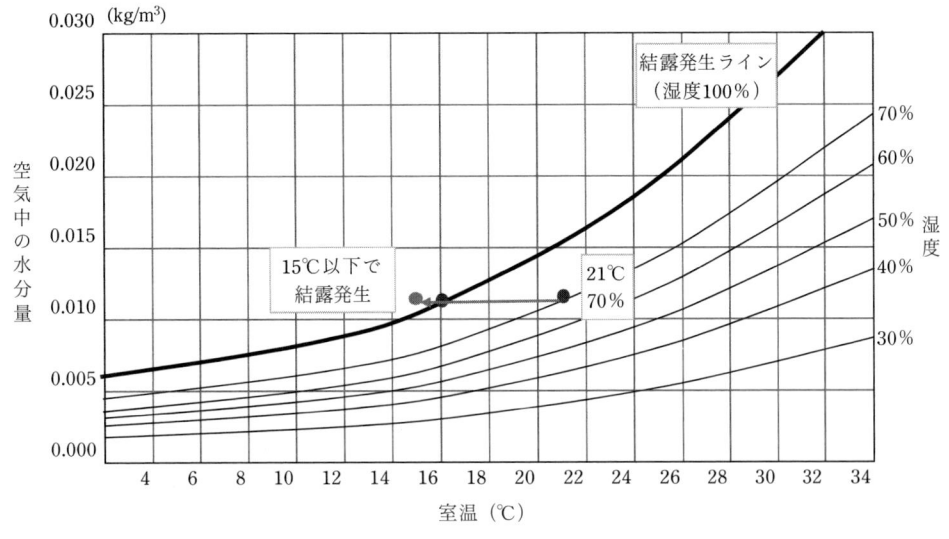

図9.21　湿り空気線図

覆いをして外気との接触を断つことも有効である。

　図9.19と図9.20は結露対策に失敗した事例である。ともに冷凍庫の設置計画時に断熱計算を見誤った結果、図9.19は冷凍庫と通路を仕切る壁が結露し、図9.20は冷凍庫の設定温度（−40℃）に対するパネルの厚さが薄く、断熱効果が出なかった結果、結露や霜が発生してしまった状態である。

　次に、結露が発生するメカニズムを図9.21に示した。これは「湿り空気線図」といわれているもので、図の太線に温度と湿度が到達すると結露が生じることを示している。結露対策としては、作業場内での湿度と表面温度をコントロールすることがポイントである。

　作業環境の温湿度変化を考慮して施設の設計を行うと、衛生的な環境を構築できるのだが、もうすでに施設が出来上がっていて、上記のような対策がとれていない場合にはどうすればよいのかといった問題もある。このような場合、次にあげる点をポイントとして対策がとれないか検討してみるとよい。

① 1週間に1回程度の除菌洗浄（清掃など）を行う。
② 空調や除湿機を利用して定期的に乾燥させる。（湿度40％以下に保持する）
③ 常に換気を行い、湿り空気線図の結露発生ラインに到達しないようにする。

それぞれ、メリット・デメリットがあり、製造する食品の種類ごとの特性や、施設の状態を考慮することが大切である。

9.6　施設の設備

設備は「手洗い、給排水設備、空調設備、洗浄設備、給湯設備、トイレ、冷凍庫・冷蔵

庫、照明、換気設備、排気フード、掃除用具設備、化粧室とロッカールーム、ゴミおよび廃棄物保管場所」などが考慮すべき設備として重要である。各々について以下に説明する。

1) 手洗い設備

食品工場において、手洗い設備は必須である。食品製造用のシンクとは共用せず、専用の流水式手洗いシンクを設置する。同時に手洗用洗剤、洗浄後の手指の乾燥装置または使い捨てペーパータオル、ゴミ入れを設置する。これらの手洗い設備は食品加工・調理区域、器具の洗浄区域、トイレごとに設置し、それぞれの手洗用流しにはお湯が供給できるようにすることが望ましい。

また、手洗い場所へは容易に行くことができ、手洗い専用シンクとして使用し、決して製造作業と共用してはならない。作業場に設置した手洗いシンクが調理用のシンクと隣接している場合は、手洗い用流しからはねる水滴が、食品や機器類などを汚染しないようにしなければならない。

手洗用設備は、従業員の数や使用時の込み具合を考慮して、適切な設置数を決める必要がある。図9.22は入室前の手洗いシンクで、清掃しやすいようにシンク下は構造物を極力排除した設計となっている。図9.23の姿見は、従業員が等身大の鏡の前で毛髪のはみ出しや、着衣の乱れがないかチェックできるようになっている。

図9.22　入室前の手洗い設備

図9.23　等身大の姿見

図9.24　井戸水の殺菌設備

2) 給水設備

食品工場で使用される水は、「食品衛生法」で「飲用適」の水であることが決められている。水道局が管理している水道水を使用している場合は安全上の問題は少ないが、井戸水を使用している施設では、殺菌装置などの設備が必要となる（図9.24）。また、水道水であっても、一旦大量の水をタンクに貯めて使用する場合は、貯水量に応じた管理基準があるので、それに準じた管理をする必要がある。

3) 空調設備（エアコン）

作業場を冷やすためのエアコンは、適切な管理を怠るとカビの温床となることがある。エアコンは室内の空気を循環させる際に、入口でフィルターを通し、埃などを除去した上で熱交換用の金属板に接触させて空気を冷やす原理である。冷えた空気は、出口のルーバーで排出方向を調整して室内を冷やすことができる。この際、多層構造になっている金属冷却板および出口付近の部品は、結露によりかなり濡れることがある。そのため、適切な清掃管理を行わないとカビが発生し、室内にカビの胞子を蔓延させることにもなりかねないので、エアコンの結露による冷気吹き出し周辺のカビ対策を怠ってはならない。

通常、エアコンの清掃は吸い込み口のフィルターを取り外して水洗いするのが一般的だが、冷気吹き出し部分や内部にある熱交換機部分は開口すらできないようになっているため、掃除がしにくい（**図9.25**）。さらに、天井吊り下げタイプや埋め込みタイプのエアコンは、専門業者に頼まないと清掃はできないといったことがほとんどなので、定期的に専門業者に依頼することになる。

4) 洗浄設備

機械部品および器具の手洗い洗浄には、3つ以上の槽を使い分けることができるステンレス製のシンクが適している。1つの槽には、手洗い洗浄する機械部品等が十分入る大きさを確保する。また、各槽には適切な熱湯が供給されるようになっていることが望ましい。洗浄後の機械部品類は水を切る場所があり、洗浄前と洗浄後の部品等が交差しないように仕切られている必要がある。

機械を洗浄した廃水は、直接下水に流してはならない。残渣等を集め、回収できるようなトラップを途中に設置する。

5) 給湯設備

給湯設備は、機械類や器具類の洗浄はもちろん、熱湯消毒のために必要となる場合がある。給湯量は、連続使用しても不足することがない、十分な量を確保する。米国のFDAが示す設定温度は、洗浄時に43℃、熱湯消毒使用時に73〜82℃でなければならないとなっている。また、自動洗浄機を使用する場合は65〜74℃を保持していることが望まし

図9.25 エアコン（空調）

室内空気取り込みフィルター
（取り外しが可能）

冷風吹き出し口
（4方向へ冷気が吹き出すが、天井や吹き出し口周辺に結露が生じ、カビが発生しやすい。また分解難のため掃除も難しい）

いとも示されており、参考にするとよい。

6) トイレ

　トイレは病原微生物で汚染される可能性が高く、製造場所からできるだけ離れた位置に設置し、隔壁で仕切られていなければならない。トイレの後は手洗いを必ず行い、その手洗い設備はトイレ内に設置する。さらに、トイレ専用の履物を備え、トイレの内部に入るときは必ず履き替えることをルール決めする。

　最近の食中毒は、ノロウイルスによるものが非常に多くなっている。これは、食品従事者がノロウイルスに感染し、特にトイレの取っ手やスイッチなどを共用する際に汚染するのではないかと指摘されている。また、手指に蛍光色素を付けた実験では、洋式の便座や床、ペーパーホルダーなど、人が触ったところはすべて蛍光色素が残っているといった結果もある。従って、手洗いは2度実施するという基本的な手順のほか、トイレ設備は極力人の手が触れないような工夫がいることになる。

　最近は、新幹線のトイレのようにセンサーで水を流したり、トイレ内で手洗いをしてからでないとドアが開かないようにしてある施設も見受けられるようになってきた。手洗いとドアが連動する仕組みは、トイレ以外に入室時の手洗い設備にも導入されているが、経費的にも以前に比べると安価になってきているので、ドアの自動化は大いに進めるべきである。

　また、トイレで嘔吐した場合、トイレの換気が速やかに適切に行われるようになっている必要がある。窓が開閉できるようになっているか、外気が天井から入ってきて、床近くの壁から外に排気されるような換気の仕組みを作るといったことも重要になってくるかもしれない。

7) 冷凍庫・冷蔵庫

　冷凍庫・冷蔵庫は製品や原材料を保管する設備である。主に、冷凍庫では味・臭い・色など五感に影響を及ぼす要因に対するコントロールを目的とし、冷蔵庫は病原微生物や腐敗微生物の増殖を主にコントロールする目的で使用している。そのため、それぞれには温度計が備わり、庫外から内部の温度が容易にわかるようになっていなければならない。

　また、冷凍庫や冷蔵庫の内部は常時原料や製品が保管されているため、清掃条件に制約が出てくる。庫内を清掃するときには冷却装置を止め、製品等を一旦移動しなければならないため、作業者はなかなかやりたがらない。従って、できるだけ清掃作業がしやすい工夫を設けて、定期的に実施するといった仕組みが必要となる。

　例えば、庫内はできるだけキャスター付きの棚で管理し、保管容積の70%以上の製品や原料を保管しない。こうすることで、庫内から製品等を他の場所に移動することなく、庫内で棚をずらして掃除ができるようになる。また、棚下も掃除用具が入る20～30cm程

度の隙間があれば、棚を頻繁に移動することなく清掃ができる。このように、創意工夫で作業が簡便になることが望ましい。

8) 照　明

米国FDAの施設基準によると、調理作業するエリアでの照明の照度は床から80cmの位置で540lux、食品製造と直接関係のないトイレ、手洗場所などの照度は220lux、また、冷蔵庫や原料保管は最低でも110luxが必要となっている。実際には110luxでは暗く感じ、原料記載の文字の読み取りや記録を付ける場合、もう少し照度が必要と思われる。従って、これらの照度はあくまで参考とすべきであろう。

食品や清浄な設備・器具、リネン類あるいは包装作業場所にある照明器具には、プラスチックシールドのようなシールド類、両端にキャップの付いたプラスチック軸（sleeve）、飛散防止の電球などが望ましい。図9.26は、落下防止カバーを設置した蛍光灯である。

図9.26　落下防止カバー設置の蛍光灯

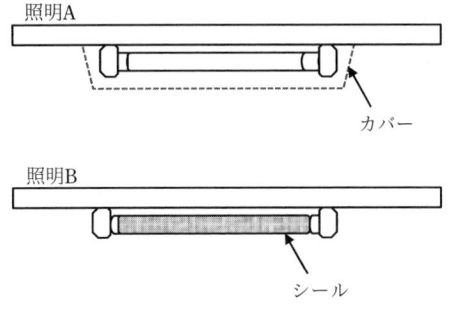

図9.27　落下防止、飛散防止処置方法

何らかの影響で照明が落下することも考えられるため、図9.27のような処置を施すとよい。

9) 換気設備

換気は、食品製造の過程で発生する、過度の熱・水蒸気・凝縮液（結露）・蒸発・不快な臭気・煙および有害ガスなどを速やかに排除するために必要である。排気を効率よく行うための設備として換気扇を設置するが、フードを付けるとより排気効率が高まる。しかし、フード内は汚れが付きやすく、清掃が適切に実施できるような構造になっていることが望ましい。

換気効率は、吸気とのバランスに大きく関係している。弁当及びそうざいの衛生規範を参考に吸排気量を決定することもあるが、実際にはそれぞれの製造時に発生する熱量をコントロールして、適切な吸排気量を決定することが大切である。

吸気で注意すべき点は、外気からの汚染物質防止のために網やネットをかけるなどの対策をとることである。また、吸気が結露や隙間風の原因となったり、排気や蒸気捕集の妨げとなってしまう場合は、補充空気量を適切に調節しなければならない。

換気は重要な設備であるにもかかわらず、多くの施設で適切な吸排気が達成できていな

い。大量の熱が発生する加熱調理施設では、食品安全性の観点から室温上昇を避けるため、一定時間内の換気回数を増やし、発生した熱を速やかに排出し、同時に空調（エアコン）により室内の温度を下げるといったことを行う。しかし、吸気と排気のバランスが悪くなり、作業室内は陰圧状態となることが多い。その結果、外気がシャッターや窓の隙間から強制的に入り込んでしまう。

吸排気バランスは、設計段階で熟慮したとしても計算通りになることは少なく、運用後の調整でバランスをとるしかない。また、吸気口のフィルターの目詰まりなどもバランスを崩す大きな要因となっているので、適切な頻度で清掃を行わなければならない。

このような吸排気のバランスの問題に対して、設置段階で機種の選定が可能であれば、インバーター式の装置が有効である。施設によっては経時的に吸気量が変化するので、吸排気量をコントロールできるようにしておくと管理がしやすくなる。

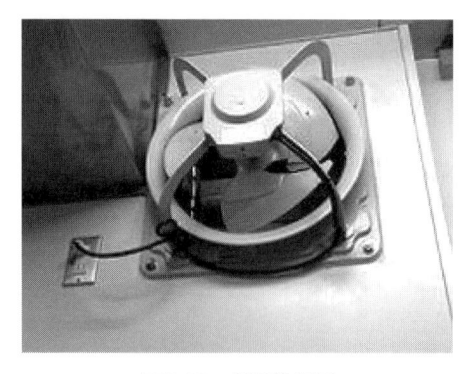

図9.28 有圧換気扇

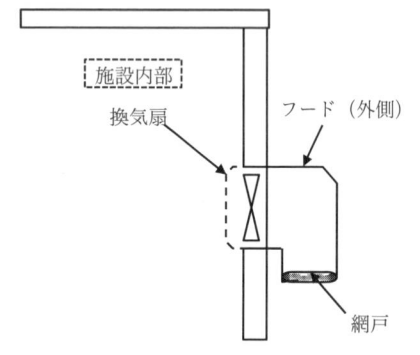

図9.29 換気扇の設置図

図9.28の有圧換気扇は、大量の空気を排気するために設置する大型換気扇である。換気扇を付けるとその風圧で換気扇の蓋が開き、スイッチを切ると自動的に蓋が閉まる仕組みとなっている。このような換気扇の蓋は密閉性がないため飛来虫の侵入経路となることがある。従って、**図9.29**のように外側にフードと網を取り付けて、虫の侵入を防止する処置を講ずる。

10) 排気フード

排気フードは、調理により発生する蒸気や油脂などを、できるだけ近い距離で捕集すると同時に、熱や煙、臭気を取り除く目的で設置される。排気フードがこれらの目的を達成するために、加熱調理機から発生する油脂粒子や蒸気を直接吸引するのに十分な量の空気の動き（捕捉速度）がなければならない。この気流は、発生する臭気や蒸気を除去し、油脂粒子や蒸気が周辺に付着するのを防ぐことができる。

有効な捕捉速度とは、油脂粒子等を含む空気の逆の流れに対抗しうる空気の速度をいう。この捕捉速度を計算上算出することは、不確定因子が多いために難しく、実際には無害な発煙等を用いて排気フードの有効性を評価しながら制御していく。

排気フードの運転がうまくいかない主な原因は、加熱、換気およびエアコンディショニング（HVAC）システムと排気フードシステムの間の調整不足にある。双方が確実に適切に運転できるよう、設置の前に調整し、設置後にバランスをとるようにすべきである。

また、蒸気が大量に発生する加熱装置（調理釜や蒸し器）の上に排気フードを付けても、フードの外側に漏れだすことがある。これは、蒸気に対する排気能力はフードの位置（天井の高さ）に影響するからである。天井の低いところに排気フードを付けて排気しようとしても、期待するほどの排気はできない。天井はできるだけ高くし、排気装置は天井近くに設置するとよい。

11）　掃除用具の設備

掃除用具の保管場所は意外と見落とされがちであるが、使用した掃除用具の洗浄やその排水処理のために、専用のシンクか、床に排水溝を備えた洗浄設備（場所）を少なくともどちらか1つ設置しなければならない。そして、水の逆流が防止されて、適切な大きさのモップやデッキブラシ保管用のラックが用意されていること。また、洗浄剤、殺虫剤、消毒剤などの有害物質は、すべて調理場から離れた安全な場所に収納されていなければならない。

図9.30では、掃除用具を床置きせず、吊り下げて保管している。また、化学薬品類は調理作業場に保管せず、洗浄剤や殺菌剤を収納する専用の棚も、別に設置して保管する。

12）　化粧室（更衣室）とロッカールーム

施設内で従業員が日常的に使用する更衣場所は、調理、保管などの製造作業エリアと区分されていて、かつ器具の性状や収納場所からも離れた場所に用意すべきである。ロッカー、あるいは他の適切な収納設備を更衣室の中に設ける。化粧室が必要でない場合はコート、セーターおよび他の個人の所持品を収納する場所を用意すべきである。

図9.31は、私服を左側のハンガーに、作業服を右側のロッカーに保管して重ならないようにしている。これは、私服に付着している毛髪が作業服に付かないように管理場所を区別しているのである。これを水平管理という。一方、同じロッカー内に作業服や私服や私物を一緒に

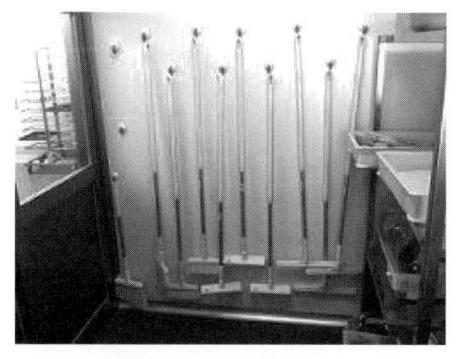

図9.30　掃除用具保管室

図9.31　作業服と私服の区分管理

管理している施設もあるが、1つのロッカー内にて管理する方法は汚染の危険性があり、推奨されない。水平管理には私物をロッカーに入れ、作業服はロッカールームの中央設置されたハンガーで管理する方法もある。これだと、個々人の作業服の管理状態がよくわかり、管理する側としては指導しやすくなる。

13) ゴミおよび廃棄物保管場所

ゴミおよび廃棄物の保管場所は容易に清掃でき、床、壁、天井が非吸水性で洗浄可能な材質でできていること。有害生物（そ族、昆虫）を防止できるものでなければならない。外に設置したゴミおよび廃棄物のコンテナ、大型ごみ収納器は非吸収性で滑らかな表面の材質の上に設置する必要がある。また、ゴミおよび廃棄物コンテナには密閉できる蓋、あるいはカバーがなければならない。

9.7　危害に強い工場とコストパフォーマンス

危害に強い工場について、建築と設備の仕様を中心に述べてきた。また、それらと関連付けながら作業動線、衛生区分の考え方を示した。これらのことからうかがえるのは、食品衛生にとって重要な床や壁、天井といった建築物はもちろん、手洗い設備や機械の設置方法などを工夫することは、食品製造で必要な清掃作業やメンテナンスの経費を削減できるというメリットがあることである。ステンレスやパネルといった不浸透性の材質は初期コストはかかるものの、その後の管理が容易となり、衛生的な状態を維持でき、かつ人件費などのコストを削減できるのである。さらに、作業動線を短く直線化することは、衛生的であるのみならずランニングコストに対する低減効果も大きい。

実は、衛生管理を進めるとコストダウンにつながる。単にハード面を整えるだけだとコスト負担にのみ目がいくが、一般的衛生管理プログラムの実施を含む食品製造の作業効率を追求することで、コスト削減という大きなメリットがある。個々に記載された内容を参考にして、積極的に作業環境の改善を進めてもらいたい。

参 考 文 献

1) 改訂　食品の安全を創る　HACCP、(社) 日本食品衛生協会 (2008)
2) 田中信正（監修）：対訳　CODEX　国際規格－食品衛生テキスト、(株) 鶏卵肉情報センター (2005)
3) 弁当及びそうざいの衛生規範、厚生労働省通知 (1979)
4) 食品施設計画審査ガイド 2000、(株) 鶏卵肉情報センター (2002)

（新蔵　登喜男）

第10章　製品品質管理の計画とその進め方

　本章では、品質管理の仕事を通じて、多くの食の安全安心に関係した問題から、現状を見直す際に必要と考えている事象について示す。品質管理業務の活動計画では、机上で考えた策が実態にあったものとならないことがあり、期待する成果が得られにくい場合がある。計画策定の前には、全体の課題と前提条件をしっかりと整備しておかなければ、一生懸命な気持ちがあっても空回りして徒労に終わることとなるので、ここに示す内容が参考なるであろう。

10.1　品質管理業務とは

　品質管理業務とは、マネジメント業務であるということを理解する必要がある。その目的は「品質に関して組織を指揮し、管理するために調整された活動」[1]とされている。従って、品質管理活動の指揮者は、全体課題の中でも柱となる課題を日常的に意識し、個別の出来事に対する評価と判断の内容が会社の基本方針とブレないように、検証の必要性を重視しなければならない。

　そして、同僚や関係者に対して食品安全規格を遵守するように促す必要もある。また、品質管理業務は直接的な売り上げ貢献には関わらない、どちらかというと後方支援型の業務であるという特性から、同僚との「志」も醸成しなければ、事業の都合などによって判断に迷い、事故発生の案件や回収の判断を適切に行えない場合がある。つまり、品質管理業務とは、健全な判断とその決定事項に准じた行動責任が伴う仕事なのである。

(1)　品質管理活動計画

　年間の業務課題目的と、その個別目標、そしてこれらの実行手段は、予め年度の初めまでに意思決定し、組織確認を済ませておくべきである。そのことで会社組織内の相互理解が深まって協力体制が整い、横断的な業務活動がしやすくなる。そして、四半期ごとなどに経営層への進捗状況の報告や、総括内容の確認と修正に関する提案と承認を行うことも重要である。また、それぞれの業務に必要な経営資源である「人」や「物」、あるいは「コスト（時間）」を計画的に活用しつつ、関係部局間との課題調整を詰めて、品質管理業務の目的達成を実践していく（**図10.1**）。

図10.1 品質管理活動計画

(2) 経営と危機管理

品質管理担当者は、気が付くと単に日々の決められた作業課題をこなすことに追われ、全体業務を見失いがちになる。その影響でモチベーションも低下し、不適切な危機管理判断と対応に陥る悪循環が発生してしまう場合がある。また、このような場合には、その内容も経営者に報告されず、あるいは中間管理者による隠蔽で食品企業の不祥事に発展することがある。経営者には当然のことながら経営責任が伴うため、事業効果向上に対する反経済活動として、品質管理強化施策に関して言葉にはせずとも、どこまでやるべきかと慎重になっている方も中にはいるかもしれない。しかし、近年では危機管理は事業防衛としての戦略課題と捉える認識が、経営者の中でも高まっている。

(3) 経営者とのコミュニケーション

品質管理は専門職分野である。それは、外部からの情報と意見交換の内容やその経過において、また、経営者や上司にとっても専門用語が多く、理解しにくいケースがあるからである。従って、品質管理担当者やそれに関わる社内の責任者は、自分自身の説明能力を高め、経営者にもわかりやすく判断できる材料となる資料を効果的に示すことができるように心がける必要がある。そして、普段から現状把握と向上、改善に対する問題提起や発案の意識を持つことが重要である。それゆえ、品質管理担当者は組織的な活動体系を構築できるよう、内部に対する折衝能力向上に向けた自己啓発に努めるようにしなければならない。

(4) 品質管理の基本業務課題

基本業務は、一般に食品安全問題に関する社会情勢変化の把握、クレーム管理、製造環境管理（工場点検など）、検証（検査や監査）、食品表示管理、危機管理とコンプライアンス

や品質管理全般の活動施策と、全体業務推進のための行動管理が主な対象となる。

これらについては、企業規模によっては検査室や開発室、法務部やお客様相談室などといった専任部署を配置して組織運営する場合もある。

(5) 小規模事業者の品質管理手段

中小企業では体制構築に苦慮した結果、経営者が品質管理部署を兼任するケースが多く見られるが、最近では専門機関やコンサルタントと連携し、全体課題を包括しながら機能性を高めるために、専門分野のアウトソーシング化も普及してきた。この場合、様々な事象に対する客観的評価が高まり、取り組み課題が明確化できるという利点がある。また、そのような仕組みの中で進捗状況が客観的に明確になり、社内意識改革と行動統制が容易になる。様々な事情で、自社で専門体制を構築することが難しい場合には、アウトソーシング化の導入を検討してみてはどうだろうか。

しかし、食品企業においては本来、日々の業務の中や自己啓発による学習で、様々な事象に対する判断と行動が自主的にできることが理想であろう。それゆえ、品質管理に取り組む初期段階では、指導者と担当者の育成のためのコンサルティングを受ける必要があるかもしれない。アウトソーシング事例としては、クレーム改善対策、製造現場や従事者の拭き取り検査、工場調査、洗浄や殺菌、防虫対策、食品表示作成、製品仕様書の作成代行、食品安全管理基準（安全マニュアル）作成、安全管理委員会オブザーバー参画、内部監査などがある。

10.2 情勢認識（リスク予知・予兆の把握）

(1) 社会的背景

これまで会社が運営してきた品質管理業務システムが、近年の社会情勢変化と歩調や目線が合わずに、施策に漏れや滞り、先送りが生じる場合がある。例えば、消費者クレームを受け取る姿勢などによくうかがえる。「言いがかりだ」、「そんなことが起きるわけがない」などと軽視した結果、解決までに時間やコストが想定以上にかかったり、ストレスが生じる事を避けて原因究明をまじめにせず、営業担当が勝手にクレーム回答を行う場合もある。その結果、辻褄が合わなくなったり、クレーム申告者への対処が遅れたり、ついには危機管理コンサルタントなどへ解決策を相談したというケースもあるようである。

また、ノロウイルスやアレルギー、食品表示や製品仕様書の管理業務に滞りや先送りが起きることも多々ある。これは、先々に起きる食品安全情勢が察知できず、リスク管理に必要な人・もの・金といった経営資源の配備が滞ることも要因となっている。その結果、取引先からの問い合わせや内部調査（検査）の結果に一喜一憂し、通常業務の執行状況が

逼迫し、散漫になるという悪循環を生みだしてしまう。その結果、潜在リスクは膨張し、すべてが後追いとなる。このようなことを防止するためには、日頃から自社に必要な食品安全情報の入手先を表にするなどして掲示し、常に情報収集を怠らないようにすべきである。

(2) 情勢認識を深める手段

会社側から積極的な教育プランが示されなければ、担当者は情報を入手する手段がわからず困惑する場合がある。そのようなときは、インターネットが便利である。「食の安全」、「品質管理」、「産地偽装」、「HACCP研修」、「ISO 22000」などのキーワードで検索する方法以外に、厚生労働省、農林水産省、食品安全委員会や消費者庁のサイトからも良い情報が入手できる。また、専門情報は（財）食品産業センターでも得られる。「人の振り見て我が振り直せ」という言葉があるが、クレームやリコールの事例は（独）国民生活センターのサイトが参考になる。消費者団体の考え方については、日本生活協同組合連合会の食の安全サイト[2]にQ&Aなどが掲載されているので、参考にするとよい。

(3) 顧客、取引先からの要求事項

取引先の要求事項は、品質管理部署の担当者よりも、実際には営業担当がそれぞれの取引先が主催する品質管理研修会や、個別の商談時に詳しい品質管理要件や要請を受けることとなる場合がある。このため、取引先ごとに異なる品質管理要件を品質管理担当者が知らされなかったときには齟齬が生じ、コンプライアンス違反や衛生規格の逸脱などの事件が発生してしまうこともあるようである。「そのようなことは聞いていなかった」と言っても、残念ながら「後の祭り」なので、予め社内では営業部署との情報交換課題として、齟齬の発生を未然に防ぐようにしておくべきである。また、「売り上げを伸ばすためなら、多少の不正はあってもよい」という組織風土があると、不祥事は後を絶たないであろう。

(4) 社内事情（施設設備・人・組織風土）

苦労した取引先との営業成果を得た商談事項が、内部の品質管理部署を介さなかったために、取引先の衛生基準が自社の定める基準を上回り、厳しい改善命令を受ける事例や、購買部の勝手な判断で、事前承認なしに仕入れた原材料が、予め決定していたHACCPで設計されている原料の衛生規格による製造工程プログラムでは、菌の増殖をコントロールできなかった、などの事例がある。このように、情報交換の風通しが悪い組織風土や、品質管理軽視の志向が強いと、予防措置対策に不備が起きてしまうので、品質管理活動計画は社内事情を鑑みて、必要と判断される部署や責任者を巻き込んだプロジェクトとして運営をすると健全性が高まる。

10.3 経営方針（食品安全基本方針）

(1) 経営理念

品質管理活動の成果は、売上や利益のように、事業的側面から定量評価することは実際には難しいものである。そのため、内部組織に対する主導性・指導性を発揮するに当たり、品質管理方針に支持が得られず苦労が伴う。「なぜ、品質管理が大切であり、面倒なことも伴うが実直に取り組まなければならないか」といったことを、アルバイトやパートも含め、社員にしっかりと浸透させておくようにするには、それが会社の経営方針であるとはっきり明言しておくことが重要である。例えば、「我社は食の安全と安心を基本原則とし、愛され、感動される製品とサービスの提供を通じ、社会貢献を行います」などと経営理念として表現し、全社員へ提示することである。

(2) 食品安全方針

食品安全方針には経営理念を、具体的に食の安全を補完するためのテーマを掲げることが重要である。例えば、**表 10.1** のように規定すると、社員は雇用関係のなかで、そのルールをさらに明確に理解できるようになる。

(3) 行動指針

会社の経営理念や食品安全方針に対する逸脱行為は、雇用の前提となる採用条件違反であり、採用時にしっかりとその内容を告知することが契約上重要である。曖昧で、いい加減な内容の雇用関係の先には、監督者の権限が醸成されず、その結果、新入社員の士気も上がらず、訳のわからない新人社員が勝手な判断や行動をしたり、都合の悪いことを隠すなどのトラブルが発生する可能性も否めない。

方針が抽象的な表現であると、実際の作業や日常生活態度における行動規範の解釈に齟齬が生じやすくなる。従って、指針はできるだけ具体化し、明確にすることよって効果は上がる。行動指針には、製造マニュアルや施設設備管理を含む一般的衛生管理規定と、日常生活態度などを含めた情意項目規定の2つの側面からの考え方を記すこともある。また、指針には、賞罰や罰則規定も必要な範囲で設定する場合がある。もっとも、「ルールは破

表 10.1　「我社の食品安全方針」
〜食の安全と安心を経営基本原則とするために〜

1. 私たちは食品関連法規と社内規定を遵守します
2. 食品衛生管理の知識習得や技術向上を弛まず、積極的に取り組みます
3. 社員全員が目標を理解し、一丸となって取り組みます
4. お客様のご意見や社会の変化に対し、私たちは常に的確に対処できるように日頃からの対話を大切にします
5. 判断と行動は、スピード感をもって実行します

表10.2 「(株)△△貿易の行動指針」（この表では、一般的衛生管理規程は除いてある）

[1]	法令等の遵守	私たちは、法令の遵守はもとより、国際ルールおよびそれらの精神を遵守し、社会的良識をもって行動します。
[2]	社会的に有用な製品、サービスの提供	私たちは、多様化する消費者等の社会的ニーズに応えるとともに、製造物責任・省資源・省エネルギー・環境保全等にも充分配慮を払い、安全かつ有用な製品・サービスの提供に努めます。また、製品・サービスの取り扱いは、社会性についても配慮して行います。
[3]	長期的な視野に立った経営	私たちは、短期的な収益のみにとらわれず、常に長期的な視野に立った経営を行います。
[4]	公正な取引	私たちは、公正かつ自由な競争の確保が市場経済の基本ルールとの認識をもとに商活動を行い、また、政治・行政との健全かつ正常で透明な関係を維持します。
[5]	企業情報の開示	私たちは、株主はもとより、広く社会とのコミュニケーションをはかり、積極的に企業情報を正確かつ公正に、適時開示します。
[6]	環境問題への積極的取り組み	私たちは、環境問題への配慮を常に忘れず、自主的、積極的に取り組みます。
[7]	社会貢献	私たちは、企業の利益と社会の利益を調和させ、「良き企業市民」としての役割を積極的に果たします。
[8]	働きやすい職場環境の実現	私たちは、従業員のゆとりと豊かさを実現し、働きやすい環境を確保するとともに、従業員の人格・個性を最大限に尊重し、自由闊達で創造性の発揮できる企業風土を実現します。
[9]	反社会的勢力および団体との対決	私たちは、市民社会の秩序や安全に脅威を与える反社会勢力および団体とは断固として対決します。
[10]	国際協調	私たちは、国際総合企業として、諸外国の習慣および文化を尊重し、平和を守り、現地の発展に貢献する経営を行います。
[11]	周知徹底	私たちは、別途定めるところに従い、「私たち企業行動基準」の周知徹底と社内体制の整備を行います。
[12]	率先垂範	私たち経営者は、自ら率先垂範し、「私たち企業行動基準」の精神の実現に努め、万一、「私たち企業行動基準」の内容に反するような事態が発生した場合には、経営者自ら問題解決にあたり、原因究明・再発防止に努めます。また、社会への迅速かつ的確な情報公開を行うと共に、権限と責任を明確にしたうえで自らも含めて厳正な処分を行います。

られるためにあるのだから」などといった組織風土やリーダーが存在する場合には全く効果はない。現状を踏まえて「絵に描いた餅」にならないように考えることも必要である。大見栄を切ったものの、何も実行されなければ元も子もない。

表10.2には行動指針の例を示した。

(4) 推進体制

理念や方針が明確にされても、推進する主体者や体制が準備されなければ何も始めることはできない。品質管理活動は社内で横断的に組織運営されるべきもので、経営者の協力の下に、品質管理責任者が関係する他部署の責任者やキーマンをメンバーとして選び、社

長の直轄諮問機関として配置するようにしなければ、実効性がなくなる。

10.4 食品安全管理マニュアル

(1) 社内全体規定

品質管理に限らず、社内の全体規定には品質規定、文書管理規定、記録管理規定、製品設計・開発規定、HACCP[3]、ISO 22000[4]、BRC（British Retail Consortium）[5]、AIB（American Institute of Baking）International[6]、人材教育規定、環境・リサイクル規定、クレーム・事故対応規定、検査・検証規定、不適合品の管理規定、購買規定、営業管理規定、外部文書規定、内部監査規定、その他の規定がある。前述したが、これらは経営理念に沿った内容で運用されていなければ矛盾が生じることとなる。

(2) 一般的衛生管理項目の規定

全体規定とは別に、一般的衛生管理項目[3]が必要になる。この例としてコーデックス委員会が示す一般的衛生管理規定があり、作業者や品質管理担当者にとって身近なルールが示されている。一般的衛生管理の8項目（第9章 9.2）は、事業規模に応じて、ルールの重要事項を漏れなく、簡潔に、平易な表現や画像やイラストで記述することによって、規定内容の社員への浸透が速くなり行動統制が容易になる。

(3) 単品別管理規定

食品企業においては、1社で1品目のみの製造に限られているところは少なく、多種の製品が製造されている。これらの製品において、最低限守るべきものに食品衛生法がある。

製品を製造するに当たっては、食品衛生法で規定する分類や、使用する原材料、添加物、アレルギー物質、微生物規格や消費・賞味期限などに対する社内規程が必要になる。また、決められた配合率や製造プログラムによって設計通りの製品ができるようするためには、HACCPシステムに則った製品説明書や原材料品質保証書、製造工程プログラム、CCP、SSOP（衛生標準作業手順書；例えば洗浄・殺菌などに関わるもの）が重要管理項目になるので、これらについても社員に理解を深めさせる必要がある[3]。

(4) 実施の記録

規定された事項については、その対処を実施したことを、必要な範囲で記録する必要がある。それは、製品の品質管理を行っていく上で日常的なモニタリング業務を行い、これに対する証拠が必須となるからである。記録によって逸脱が認められた場合は、リスク範囲を速やかに判定して是正措置を講じ、事業防衛を必ず行うようにしなければならない。記録がなければ、逸脱も見逃される可能性が生じる。インターナルトレーサビリティー（工場内の移動履歴追跡）を実施する場合にも、記録は必要な書類となるので、工場入口か

ら出口までの移動履歴が時間を追って識別できる番号や記号などを用いて体系的に記載し、次の部署へ継承されるべきである。このことによって製造ロットがわかりやすくなり、逸脱時の対応がスムーズに行える。記録の注意点は、必要以上の記録や個別に記述された相関しにくいフォーマットは避け、正直に、リアルタイムに記録すべきである。また、記録を行うことは、管理するポイントの標準化が容易になるので、それぞれの状況に応じて運用してみるのもよいのではないだろうか。

10.5　製造環境管理

理想的な食品工場としてのGMPと動線[7]を考えたとき、「いっそのこと、新築してぴかぴかで最新型の食品工場にできればいいのに！」といった考え方を持つ場合がある。しかし、この実現は皆無である。結局は、今ある製造環境をしっかりと手入れをして、大切に、清潔に使わなければならない。また、5S活動などを通じて、製造現場の維持・改善を目指すことは、組織風土改革やコストダウンにも貢献できるので、是非とも取り組みにチャレンジしてみてはどうであろうか。

(1) 自社の製造環境管理

製造環境管理で最も重要なことは、製品や半製品が直接接触する器具備品や保管庫などの管理である。そのような場所は、食品事故の原因になることが多いので、SSOPを規定して適宜検証を行うようにすることが必須となる。SSOPを決定する手順としては、①対象となる器具備品などを衛生区域別にリスト化して、付着している汚れ（有機物など）の種類を特定し、その汚れの程度を明確にする、②製品の衛生規格に準じ、洗浄剤と汚れの落とし方、掃除の頻度を決定する、③検査室の役割として、その管理状態を定期的に拭き取り検査を実施して確かめる、となる。

もし不具合があった場合は、その結果を関係する社員に通知して改善を行い、再確認する必要がある。なぜならば、その再確認が衛生管理意識を変えることにつながるからである。あわせて、施設設備の不具合箇所についても、写真などで一旦記録しておくことが重要である。その後、整理・整頓・清掃・清潔・習慣といったタイトルでグループ分けして、改善計画とその進捗管理を組織的に実施することで、わかりやすく要点を伝えることができる。この場合、現場担当者にもその内容を正確に伝えることによって組織の活性化が図れる。

(2) 委託先製造環境調査

製造工場で使用する原材料は、生鮮品に限らず加工食品も多くある。当然、それらは我が国の食品衛生法が遵守されて作られたものである。しかし、例えば微生物の衛生規格レ

ベルが仕入れを行う取引先の衛生管理手法などによっては衛生規格が不安定になってしまう場合もある。

　大量に仕入れる原料や通年利用するもの、さらに、衛生規格が特に厳しく管理されている必要がある原料などは、製造販売責任範囲の逸脱や、賞味期限への影響に対するリスクが高くなる。

　委託先の工場には、点検を拒否するところもあると考えられるが、取引関係があることから協力を求めて、面倒でも定期的に点検に出向いて状況を確認するとよい。そして、品質管理レベルが自社にとって適切であるか、連絡なしに製品仕様の変更が行われていることがないかなど、品質の均一化と継続の安定性を確認するべきである。

(3) 点検手段

　製造現場の点検を開始するに当たっては、予めその主旨や点検の手段を相手方に伝えて、製造現場の迷惑にならないように配慮しながら、効率よく点検を実施する必要がある。一方、抜き打ちで実施する場合は、受け答えできる担当者が不在だったり、書類の閲覧が不可能といったことが生じるので、お互いの手間や時間をかけた割には精度が低い結果しか得られないことを踏まえた上での実施になる。工場点検項目については、最近では業界内で統一する動きもあるので、農林水産省が取り組んでいるフードコミュニケーションプロジェクトのFCP共通工場監査項目第1.0版[8]の内容も活動の参考になるのではないだろうか。

　また、経験のある専門家への委託も、専門性や客観性が高まる方法である。点検先候補については、年間実施計画を立てて実施する月やコストを予め決定し、実施担当者教育を行い、評価が標準化できるように心がけなければならない。また、不具合が認められた場合、改善レベルや実施方法、改善状態も確認する必要がある。

10.6　製造工程管理

　製造工程については、生産量や原料品質に左右される場合があり、基本的に日常管理は怠るべきではない。製造状態・条件などのモニタリングの方法は、作業の様子を目視し、記録を確認する。また、上位監督者あるいは品質管理責任者は、その結果を必ず1週間以内に再確認する必要があると、米国連邦HACCP規定[9]では示されている。そして、その活動全体の承認は、例えば毎月工場長や社長が確認サインを記し、組織機関会議に報告することによって周知を図るべきである。

表10.3 検証プラン（ISO 22000 7.8 Verification Planning）

7.8 検証プラン
検証プランでは、**検証活動**の目的、方法、頻度および責任を規定すること。
検証活動は、次の事項を確認すること。
a) PRPが実施されている。（ISO 22000 7.2 参照）
b) ハザード分析が（ISO 22000 7.3 参照）へのインプットが継続的に更新されている。
c) オペレーションPRP（ISO 22000 7.5 参照）及びHACCPプラン（ISO 22000 7.6.1 参照）の要素が実施され、かつ、効果的である。
d) ハザードレベルが、明確にされた許容水準内にある（ISO 22000 7.4.2 参照）。
e) 組織が要求するその他の手順が実施され、かつ、効果的である。
このプランのアウトプットは、組織の運用方法に適した様式にすること。
検証結果を記録すること、また食品安全チームに伝達すること。検証結果は、**検証活動**の結果の分析ができるように提供すること（ISO 22000 8.4.3 参照）。
システム検証が最終製品サンプルの試験に基づき、かつ、そのような試験サンプルが食品安全ハザード（ISO 22000 7.4.2 参照）の許容水準への不適合を示した場合、影響を受ける製品ロットはISO 22000 7.10.3 に従って安全でない可能性があるものとして取り扱われること。

10.6.1 検 証

不具合が認められた場合は、ただちに不具合の是正を行うとともに、関係責任者を招集し実態の把握を行う必要がある。ISO 22000 では、7.8 Verification Planning（7.8 検証プラン）で「検証活動の目的、方法、頻度および責任を規定すること」としている。また、確認する事項も具体的に示されている（**表10.3**）。

10.6.2 食品表示管理

近年、食品表示管理業務の水準が問われることが多くなってきている。御存知のとおり、製品価値を欺瞞する産地等の偽装事件や、表示管理で唯一、健康危害の要因となるアレルギー表示の問題が発生しているからである。表示管理業務マネジメントを行う上司に実務経験を経た人材が少なく、業務の精度管理が難しい場合がある。従って、管理上の留意点としては社内製造品だけではなく、帳合している製品も含めたすべての製品について、プライベートブランド製品や、留め型製品（特定の取引先と原料や規格などの固有の取り決めを行った製品）など、取引販売上の約定がある製品を優先し、使用度合の高い原料ごとの規格書と現場実態に沿った配合レシピを基に、食品表示設計表ともいえる製品仕様書を確認することである。企業によっては膨大な量になるので、作業リストを作成し、年間更新計画を策定して管理する必要がある。あわせて、管理担当者のスキルチェックも重要な管理事項であり、適宜、専門家との面接やテストを実施して、解釈に誤解がないこと、効率が悪い手順や判断基準を運用していないか、などを確認するとよい。

10.6.3 業務計画

品質管理業務の個別基本課題には、概ね**表 10.4**に示したような6つの柱がある。

これらの個別課題は、なぜ課題に設定されているのか（目的）、今年はどのような状態もしくは数値に改革を推進するのか（目標）、そして実現するにはいつまでに？　どこの部署が？　だれが責任者で？　どのように？　経営資源をどう活用して？　どのようにするのか（手段／5W2H）を、関係者に対しわかりやすく、大きな紙などに書いて明確にすると、取り組みの全体が社内に理解されやすくなる．提案文書の例を**図10.2**に示した．

表 10.4　品質管理業務基本課題

1. クレーム管理（内部で発覚したものと外部から申告されたもの）
2. 製造環境調査（自社と仕入先）
3. 検査（微生物や物性）
4. 食品表示管理（社内コンプライアンス事項を含む）
5. 業務システムの維持管理（安全管理委員会の運営）
6. 監査（内部の食品安全管理委員会への調査報告など）

○○商事	協議・確認・報告	提案：2011年3月16日
第8回食品安全管理委員会	「食品表示管理業務改革の提案」	品質管理部　高澤

はじめに
　これまで営業本部が品質管理部へ依頼して個別顧客へ提案していた「製品仕様書」の作成プロセスを見直し，専門性と機動性を向上させ今後の競合分野における弊社のシェアー拡大推進を実現させますので主旨ご確認願います．

1. 現状到達点と課題
　厳しくなる取引審査に適切かつ迅速に対応するため，新製品の製品仕様書提案は3年前よりクレーム担当が兼務し，これまでに年間50品程度を作成してきました．しかし関連法規を周知していなかったことや，個別の記入項目の意味や書き方に戸惑いがあり，取引先の担当者に指導される頻度が減りません．このままでは，信頼喪失となり取り引き削減となる事業影響が懸念されます．また，これまでの製品の表示や仕様書の内容更新が滞っている製品が1000品目あり，そのうち300品は自社ブランド品です．これらはコンプライアンス問題に発展する潜在リスクであり，可及的速やかに是正しなければならないことが明らかになっています．

2. 改革案
　食品表示管理の専門企業である○○研究所に委託し，担当者教育プログラムの導入による技能向上，ダブルチェックシステムによる精度管理機能向上，あわせて，過去の仕様書更新を全面委託することにより10ヵ月のうちに更新しリスク回避を行います．また，この機会に業務システムを標準化し，今後の業務の安定化を図ります．

3. 具体的な進め方
　別紙，○○研究所からの企画案を参照してください．

4. 今後の扱い
　3月25日　経営会議での承認を経て，3月末役員会へ報告

図10.2　個別課題の具体的進め方（提案文書の例）

表10.5 品質管

株式会社　〇〇〇食品
第38期　品質管理強化計画

	課題内容	目的	次年度目標
自主衛生管理強化	手順書の見直し（サーベイランス対応）	"暗黙知のスキル"にせぬよう、工程手順は必要に応じ、明確に文章化する必要がある。	当面、※※※の指摘事項を修正する。その後、範囲を広げて全工程手順書の加筆修正を行う。
	検証（衛生検査）	日常工程管理と最終製品品質の状態は、検証によって証明されなければならない。	製品、工程、環境の状態をそれぞれ適切な頻度を定めて衛生と品質の検査を実施する。
	教育啓蒙	食品安全確保の基礎的、あるいは専門分野毎の個別テーマに沿って、人材育成は行わなければならない。また、近年の食の情勢や法改正も認識が必要である。	特に一般衛生管理項目の運用管理に必要な知識を習得する。
コンプライアンス	品質表記に関連する管理	表示違反事件など、社会の信頼を揺るがす事件を発生させぬよう、表現は法令の定める範囲で節度をもって行われなければならない。	表示・表現方法決定までの作成手順を明確化させ、不正事故を防止する。
	その他関連する法令遵守（社内規則遵守も含む）	商取引に関する契約締結を徹底しなければ、リスク回避は困難になる。また、社内規則を守る風土が構築できなければ、規定の製品製造・販売は困難。	契約書や品質保証書などの締結必要案件を整理し、自社フォームで再整備する。また、社則を再認識できる仕組みを作る。
危機管理機能向上	クレーム対応	初動判断と行動に的確さを欠いた場合、その多くは事業危機を招く恐れが高い。また、解決までの対応も徹底する必要がある。併せて難クレーム対応スキルも習得する必要がある。	営業部と連携対応できる仕組みづくりとケーススタディーを蓄積し組織力としてのスキルアップを図る。
	原因究明と再発防止対策	直接原因と根幹的な発生要因を明確に抉り出さねば、再発は免れない。	推論ではなく、再現や事実に基づく原因究明ができる仕組みを作る。

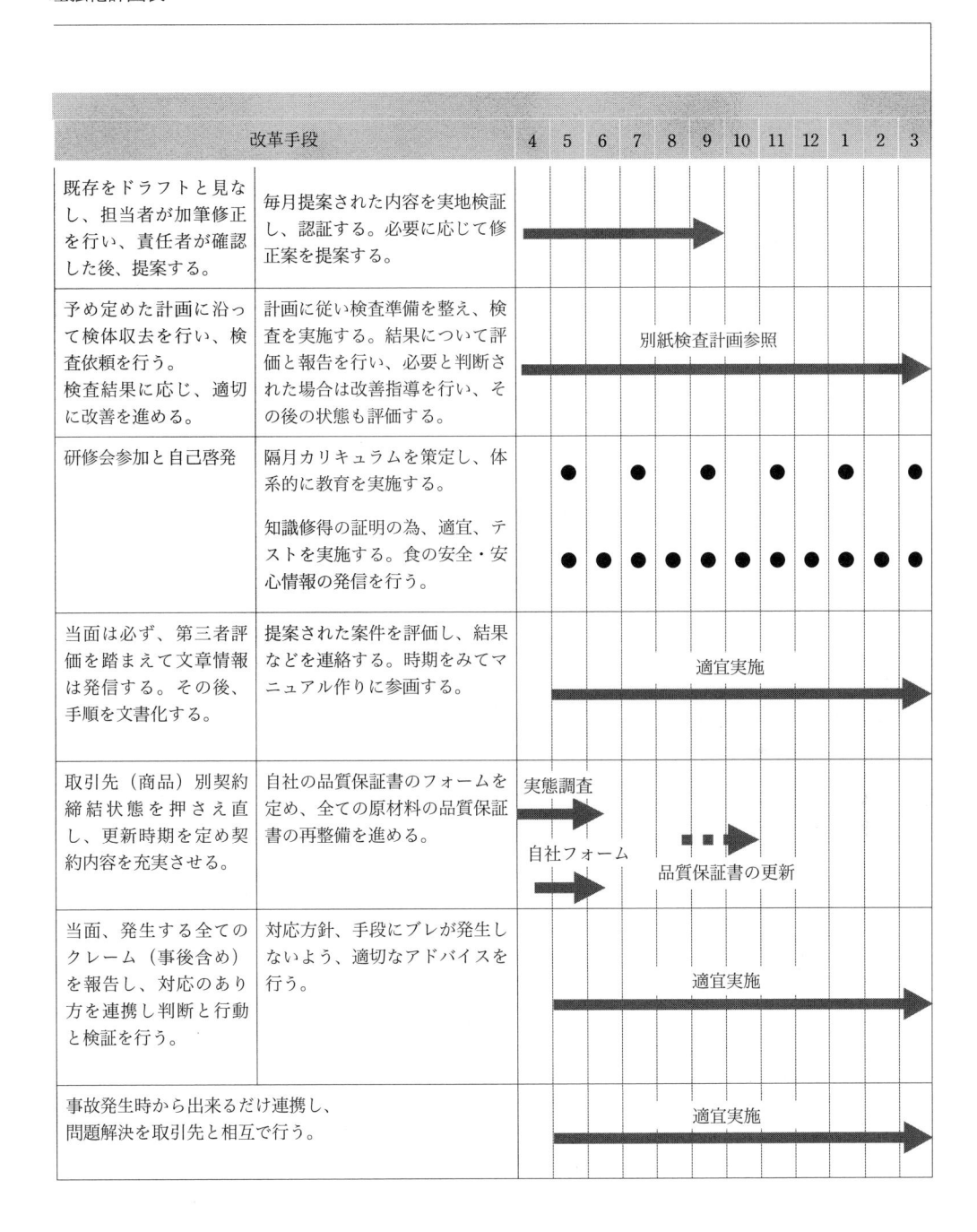

第10章　製品品質管理の計画とその進め方

理強化計画表

改革手段		4	5	6	7	8	9	10	11	12	1	2	3
既存をドラフトと見なし、担当者が加筆修正を行い、責任者が確認した後、提案する。	毎月提案された内容を実地検証し、認証する。必要に応じて修正案を提案する。		→→→→→→→										
予め定めた計画に沿って検体収去を行い、検査依頼を行う。検査結果に応じ、適切に改善を進める。	計画に従い検査準備を整え、検査を実施する。結果について評価と報告を行い、必要と判断された場合は改善指導を行い、その後の状態も評価する。		別紙検査計画参照 →→→→→→→→→→→→→										
研修会参加と自己啓発	隔月カリキュラムを策定し、体系的に教育を実施する。		●		●		●		●		●		●
	知識修得の証明の為、適宜、テストを実施する。食の安全・安心情報の発信を行う。		●	●	●	●	●	●	●	●	●	●	●
当面は必ず、第三者評価を踏まえて文章情報は発信する。その後、手順を文書化する。	提案された案件を評価し、結果などを連絡する。時期をみてマニュアル作りに参画する。		適宜実施 →→→→→→→→→→→→										
取引先（商品）別契約締結状態を押さえ直し、更新時期を定め契約内容を充実させる。	自社の品質保証書のフォームを定め、全ての原材料の品質保証書の再整備を進める。	実態調査→ 自社フォーム→			品質保証書の更新 ---→								
当面、発生する全てのクレーム（事後含め）を報告し、対応のあり方を連携し判断と行動と検証を行う。	対応方針、手段にブレが発生しないよう、適切なアドバイスを行う。		適宜実施 →→→→→→→→→→→→										
事故発生時から出来るだけ連携し、問題解決を取引先と相互で行う。			適宜実施 →→→→→→→→→→→→										

10.6.4　食品安全管理委員会の運営

　食品安全推進委員会では、Action plan（年間行動計画書）（**表10.5**）を手元に置きつつ、個別課題の進捗状況に照らして共有化するとよい。議題は協議案件、確認案件、報告案件という3つの構成で行い、協議案件としては、目的に沿わない方向性での活動により目標が達成できない場合の手段や、新たな課題に対する対応案などを検討する。なお、目標レベルの修正は最終手段にする。確認案件は、進捗状況や前回修正案に基づいて実施された効果などを確認する。不具合があった場合は、協議案件に格上げして再検討を行う。報告案件は、表10.4に示した内容の状態を、前年・前月などの状態と比較しやすくするため、表やグラフなどを用いて文書報告する。

　会議日程は、できれば年間で予め決定して実施すると準備や進捗管理がしやすいので、例えば1～2週間前までに、上司もしくは社長と議事や内容を相談しておいて、当日の運営を円滑、かつ充実させるようにする。さらに、会議に不慣れな企業はアドバイザーとともに運営すると、客観性と健全性が高まる。このような会議運営を行うことで、社内の部局間の連携具合や担当者の能力、意図が把握できるようになる。

　これまでに記述した施策は、1人で抱え込んでいては到底実現できない事案、あるいは膨大な時間（コスト＋リスク）が伴う事案を、筆者の経験から体系的かつ迅速的に解決するための要件と手法を示したものである。また、世代交代やトラブルを起こした後の信頼回復施策（施策）として、組織風土の改革推進効果がある。さらに、単年度で考えずに、中長期計画として当面2～3カ年程度の計画を立ててから、単年度別に計画に沿って実施することによって、ある期間に作業が集中することを防ぐ、業務の不可按分ができるようになる。

　ぜひ、計画を立ててマネジメント会議を運営して、食の安全安心のための運営基盤を強化していただきたいと願っている。本文がその一助になれば幸いである。

参 考 文 献

1) 矢野俊博：実践!!　食品工場の品質管理、p.3、幸書房 (2008)
2) 日本生活協同組合：食の安全サイト http://jccu.coop/food-safety/index.html
3) HACCP責任者養成研修会テキスト、食品の安全を創るHACCP、東京サラヤ (2010)
4) ISO/TC34/WG8 専門分科会（監修）：対訳 ISO22000 食品安全マネジメントシステムフードチェーンのあらゆる組織に対する要求事項、（財）日本規格協会 (2005)
5) BRC：http://www.brcglobalstandards.com/about-the-standards/
   In 1998 the British Retail Consortium (BRC), responding to industry needs, developed and introduced the BRC Food Technical Standard to be used to evaluate manufacturers of retailers own brand food products.
6) AIB：https://www.aibonline.org/index.html

7) 金澤俊行、栗田守敏（編）：はじめてのHACCP工場、p.7　幸書房（2007）
8) FCP共通工場監査項目第 1.0 版　http://www.food-communication-project.jp/pdf/result_04.pdf
9) FDA:http://www.fda.gov/downloadds/Food/GuidanceComplianceRegulatoryInformation/GuidanceDocuments/Seafood/FishandFisheriesProductsHazardsandControlsGuide/UCM252451.pdf
/Sec.123.8 Verification(3). (ii).

（高澤　秀行）

第 11 章　クレームとその対応

　本章では、毎年年間 4,000 件以上のクレーム申告対応、原因究明と再発防止対策に長年かかわった経験から、クレーム対応基準の考え方などについて述べる。品質管理業務の中でも苦情対応に追われ、分析と再発防止の施策をじっくりと起案したり手を打つことが滞っていては、同様の事態が繰り返されるばかりで改善にはつながらない。

　クレーム対応は、食品企業における多くの不祥事問題を踏まえて危機管理意識が変化している消費者、販売者への適切な苦情対応を通じて、企業の社会的信頼の確保と顧客の拡大を推進する、大切なコミュニケーションでもあると考えられる。

11.1　消費者の声の検討

　消費者の声を企業に反映させるためには、人事の新陳代謝が必要である。昔から関係している担当者任せでは社員の志気の低下を引き起こしてしまい、その場しのぎの不適切なクレーム対応となり、顧客離れが起きる可能性がある。これでは悪循環が生じる恐れがある。苦情の対応は単なる事務的な処理業務だけではなく、企業らしさがあふれる商品の完成度を高めるきっかけとなったり、市場競争力を高めるための情報ともなる。このようなことから、クレームは、対応が済んだ案件も含め、経営陣が参加して消費者対応を考え、組織風土を改善してこそ企業の文化を醸成するものでもあると言える。

11.2　クレーム対応

　クレームとは、対価に応じた品質ではないと購入者が感じた際に申告される。また、その対応を誤ると、製品クレーム＋対応クレーム（二次クレーム）＝事業継続クライシス！になってしまう。従って、申告された主旨をよく理解し、申告者の気持ちを十分配慮して対処することは大切なサービス業務になる。

　様々な窓口から申告される内容は、受付時に一次判断され、その後関係部署（一般的には品質保証部あるいは品質管理部）へ通知されるのが通常である。関係部署では、状況を掌握して分類を行うことになる。分類は、①意見や一般的な問い合わせ、②拡散性や健康に重篤な危害を及ぼす可能性がある事柄、③毛髪や昆虫などの異物付着、④袋が破れていた

などの一般的クレームなど、になる。また、対応に個人差があると二次クレームの発生につながる可能性もある。従って、これらの対処方法については、申告の内容に応じた対処の仕方をルール化し、何らかの形で格付けや判断基準を設け、それに沿って対応、処理することが大切である。

11.2.1 クレームの格付け基準とその意義

格付けの識別は、概ね**表11.1**に示すように3つのレベルに整理できる。クレームは単に申告者への対応基準として捉えるだけでなく、クレーム内容のリスクレベルを取引先と共有することが重要となる。また、問題解決を迅速かつ的確に実施するための危機管理基準作りや、苦情対応における初動手段としての意思決定を組織内で横断的に対処するために、その意義を明確化するのである。そして、申告の内容は、取引先名、商品名、販売先名、発生頻度、前年および前月比などの個別情報を組み合わせて分析し、個別の改善内容の有効性を検証するために、明確に分類したほうがよい。

表11.1　クレームの格付け例

識別分類　レベル1
1. 主に、発生要因説明と再発防止対策を明確にして、返品、交換、謝罪などの個別対応で解決できる軽微なリスク
2. 担当者があらかじめ決定された個別対応方法で容易に解決できるリスク ・例えば、商品の特性要因、軽微な外観異常、破損、欠損など

識別分類　レベル2
1. 徹底した原因究明と、完全な改善と検証が必要と判断されるリスク
2. 発生要因を追求した結果、商品およびプロセスの規格を改善しなければ、継続販売することが困難と判断されるリスク
3. 組織的な謝罪対応が伴うと容易に判断できるリスク ・人体に危害は及ばないが、食品衛生規格に抵触する要因 ・同一現象で散見されるクレーム（2件程度） ・軽微な食品表示コンプライアンス違反 ・近未来で社会的に問題化してくる要因 ・小規模リコールが必要な要因 ・商品規格が検査結果で逸脱した場合 ・一見するとレベル1として認知されるが、実際には上記要因となる場合

識別分類　レベル3
1. 企業経営に甚大な悪影響を及ぼすリスクであり、経営陣が率先し対処すべきレベル
2. 緊急対策会議を設置し、速やかに危機管理行動をとる必要があるリスク ・重篤な人体への健康危害要因 ・重大なコンプライアンス違反 ・同一現象で多発する可能性がある要因 ・大規模リコールが必要な要因 ・近未来で、極めて社会問題化してくる要因

表11.2　リスク判定ガイドラインの例

1. 異物混入・付着
   - 硬質危険異物や拡散性が高い異物は、レベル2〜3扱い
   - 毛髪や糸くずなどはレベル1。ただし、拡散の可能性が認められる場合は別
2. 人体危害
   - 原因によっては、11. 意見・要望（レベルなし）に格下げも可能
3. 異味、異臭
   - 容易に製品の特性と判断できる場合は、11. 意見・要望に再分類
   - 微生物や仕様書違反の場合はレベル2〜3
4. 腐敗・真菌（カビ・酵母）
   - 腐敗の場合は、レベル2〜3で扱う。
   - カビ・酵母などが人体危害に及ぶことはまれなので、レベル1
     ただし、拡散性が高い場合はレベル2〜3
5. 味覚
   - 要因が衛生規格や仕様書違反、工程プログラムミスはレベル2〜3で扱う。
   - 容易に製品の特性と判断できる場合は、11. 意見・要望に再分類
6. 破損、破れ、キズ
   - レベル2〜3へのリスクがない場合はレベル1
7. アソートセット崩れ、量目不良
   - レベル2〜3へのリスクがない場合はレベル1
8. 表示・日付不良
   - かすれや剥がれなどはレベル1
   - 関連法規に抵触する場合はレベル2〜3
9. 重大事故（レベル3）
10. 重要改善（レベル2）
11. 意見・要望（レベルなし〜1）

11.2.2　クレームの現象別分類方法とリスク判定

　前項で述べたように、クレームの内容を詳しく分類し、検証すると、項目ごとの弱点や傾向がわかりやすくなる。すなわち、改善に向けた手立てが考えやすくなる。また、現象分類項目としてのガイドラインは**表11.2**に示した項目となる。

　留意点は、これらの現象別分類項目をリスクレベルとして分類してはならないことであり、確実に原因や発生状況に応じて分類することである。また、受理した初期段階で識別した現象も、調査結果から全く別の現象分類に再整理されることもあるので、この点も事前に理解しておく必要がある。リスク判定の目安は表11.2に示してある。

11.2.3　リスク分析

　分析方法は、前項でも少しふれたが、品目（部門）別、現象別、取引先別、仕入れ先別、物流系統別、シーズン別、原料別、ライン別、工場別、営業別、担当者別などいろいろな視点で、クレーム現象や頻度などを組み合わせて分析すると、真の原因や傾向が推察できるようになる。さらには、対策のための工場点検や業務システムの変更、販売方法改善などを効果的に行えるようになる。分析データは、専用のアプリケーションが市場に少なく、

それぞれの企業が独自に開発し活用しているのが現状である。従って、通常はコストをかけずにピボットテーブル解析などの機能が使える Microsoft Office Excel などで電算管理するとよい。

11.2.4 品質管理業務報告書

品質管理業務報告書の記載例を、以下に示す。

〈1. 11月の品質管理まとめ（20XX/9/21～10/20）〉

項目	総　　括
クレーム管理	1. クレーム受付総件数は150件で、前年220件に対し68.2% 2. 前月対比48.1%となる 3. 重大クレームは1件（前年1件）、重要改善クレームは4件（前年2件） 4. クレーム回答率86.94%、平均回答日数7.6日間となり、前月比較で回答率上昇、回答日数も短縮。回答率89.4%、回答日数6.3日間となる。子会社のクレームは、回答率100%、回答日数9.4日間。（我社と関連会社では回答率86.6%、平均回答日数は7.8日間、89%、6.6日間） 5. 受付苦情件数は342件で、その内192件は製造者や物流の責任対象外
品質管理	1. 工場点検36工場実施（通常4、事前11、製造立会い2、PB商品10） 2. 新商品仕様書事前点検291品完了 3. 品温測定実施　問題商品なし
商品検査	1. 961品（前年比106.3%）、3,581項目（前年比103.2%）の微生物検査を実施 2. 関連会社商品微生物検査を5品実施 3. 農産物残留農薬検査を13品実施

〈2. クレーム数値管理〉

発生状況	総件数	前月件数	前月比	前年件数	前年比	発生率(PPM)
関連会社　A	45件	71件	63.4%	65件	69.2%	21.62
関連会社　B	82件	199件	41.2%	137件	59.9%	37.70
関連会社　C	23件	42件	54.8%	18件	127.8%	26.06
総件数	150件	312件	48.1%	220件	68.2%	29.18

〈3. 重大・重要改善クレーム〉
1) 重大クレーム

商品名	部門	受付内容	頻度	原因と判断	対策
○○（佃煮）(100g)	水産	異物混入（針金）	1	漁船で使用しているワイヤーの一部	金属探知器の動作確認徹底と担当者の作業厳守。原料入荷時の検品強化

2) 重要改善クレーム

商品名	部門	受付内容	頻度	原因と判断	対策
□□パン	飲菓	異物混入（金属片）	1	原料肉混入（混入経路不明）	金属探知器の動作確認徹底と担当者の作業厳守。原料入荷時の検品強化。X線異物除去機を導入
△△肉炒め	畜産	異物混入（ガラス片）	1	混入経路不明	原料入荷時の検品強化。異物除去工程の検品強化
しじみ	水産	製品不良（死貝・異臭）	4	過冷による衰弱	作業工程の厳守、及び品質管理の徹底
あさり	水産	製品不良（死貝）	4	過冷による衰弱	作業工程の厳守、及び品質管理の徹底

- 重大クレームが1件発生。内容は人体被害（針金混入により口内を切った）
- 重要改善クレームが4件発生。内容は異物混入（金属片・ガラス片）クレーム2件（水産1、畜産1）と、製品不良による多発クレームが8件（水産2）
- 「辛子明太子（無添加）」に発色剤の亜硝酸ナトリウムが検出され、2週間の店頭配置停止。また、食品衛生法違反での製造工場営業停止処分を受け止め、商品を販売できないと判断して関係店舗へ販売中止の案内を行う。

〈4. 部門別クレーム統計表〉

現象別分類	米	牛乳	卵	農産	水産	畜産	日配	冷凍	食品	飲料	計
異物混入・付着			1		2	7	5	2	1		18
異味、異臭						2			5		7
腐敗・真菌（カビ・酵母）	1				22				1		24
味覚											0
破損、破れ、キズ		4	2	20		1			8		35
アソートセット崩れ、量目不良					3						3
表示・日付不良						2	30			2	34
人体危害						1		1			2
重大事故											0
重要改善						5			2		7
意見要望					20						20
計	1	4	3	20	47	18	35	3	17	2	150

〈5. 商品検査室活動報告〉

　総検体数として961検体（前年101.8％）を実施。項目数は3,581項目。対象別検体数は、抜き取り738、事前検査（新規）212、再検査9、工場抜き取り2、の構成となる。我が社956品、関連会社PB5品の実績。不適合が33品。

11.3　クレーム事例と再発防止対策

次に、実際にあったクレームの事例と、それに対してとられた処置について紹介する。

■ 事例1.　ドライフルーツのカビ

ある企業で、2年続けてドライフルーツのカビについてのクレームがあった。前年度に

おいて品質管理担当者が開発室と連携し、仕様変更などの改善が行えなかったのが主な原因である。

　すなわち、発生状況を報告したにとどまり、開発室の改善検討プロセスに参加せず、まかせきりにしたために、巡り巡って当該年度も自分の仕事を増やしてしまった。当初、原因は包装材質が不適切であり、また包装工程に不手際があったことや、商品の取り扱い時に外圧がかかり過ぎたことが要因とされ、見えない通気孔であるピンホールが原因でカビが発生したことが原因として処理された。

　次年のクレーム処理に当たっては、製品の物性条件なども調査対象とした結果、問題は包装材質や包装不良ではなく、製品の水分活性（Aw）が主たる原因であることが判明した。すなわち、本来は中間水分食品としてのAw0.7〜0.73と脱気包装で、微生物の増殖をコントロールしていたはずであったが、Awが0.89〜0.9となっていた。実際には、製品の表面をオイルコーティング仕様にしていたが、見た目が良くないとの理由から、ノンオイルタイプに前年度から変更されていたのである。前年度にしっかりと推測されるリスクをリスト化して検証を行えば、二度も発生させることはなかったのである。万全を期して、カビが増殖しないように空気を脱気することと、冷蔵販売を行う対策が採られ、問題は容易に解決した。

■ 事例2．魚肉練り製品に金属異物が混入

　おでん具材に金属異物が混入した事故が13件申告された例がある。冷凍すり身と調味料、でんぷん粉をフードプロセッサーでペースト化する際、計量容器が誤って装置に原料とともに紛れ込み、粉砕されたことが原因であった。本例は、異物混入事件として新聞沙汰となり、回収騒ぎになった。調査の結果、金属検出器であまりにもたくさんの数が不合格になったため、金属検出器が故障したと判断して出荷を許可したことが原因とされた。工場長の判断ミスであり、品質管理担当者が金属探知機のメンテナンス報告を怠っていたことも原因であった。ペースト工程のみを見直すだけでは、今後も他の異物混入を防止することができなかったと思われる事例である。本件を基に、当該企業は組織風土改革とすべての作業手順と是正措置ルールの見直しを行い、これらが継続して実施されていることを第三者の工場点検で確認する対策を講じ、今も継続して行われている。

■ 事例3．取引先検査で賞味期限内に魚肉練り製品の菌数が逸脱

　加熱調理済み惣菜が納品先の微生物検査の結果、賞味期限内で大腸菌群が陽性、一般生菌数が1,000,000cfu/gであると緊急通知された。当初、加熱不足や、衛生管理を怠った従業員による汚染とされたが、是正措置対策後の製品も同様な数値が認められ、取引は一旦

中止となった。専門チームを編成して行った再調査の結果、加熱後オートメーションで冷却する冷却庫の内部壁面より、耐熱芽胞形成菌が大量に検出された。冷却装置庫内は高圧ジェット水で洗浄、その後蒸気を満たして殺菌していた。しかし、原因はこの洗浄手段にあった。水で庫内に汚れを撒き散らした後、蒸気により菌を増殖させていた。

蒸気圧が低く、すぐに庫内蒸気温度が下がって雰囲気温度が40℃前後になっていたのである。つまり、加熱後の汚染が原因であった。また、冷却された製品を取り分ける専用容器の持ち手部分に大腸菌群を認めた。さらに、自動容器洗浄装置を点検した結果、洗浄剤を自動希釈する装置の排水バルブが新品になっていた。その理由は、鼠がかじっていたので交換したとのことである。しかし、穴が空いていて、薬剤効果が得られず洗浄装置庫内が汚染され、それが容器への二次汚染要因となったのである。SSOPを直ちに変更し、除菌洗浄を用いたフォーム洗浄とアルコール噴霧による殺菌を行うとともに、自動洗浄機の薬剤使用量をモニタリングする衛生管理手順の見直しを行った。その後、一度も問題は発生していない。

11.4　クレーム回答業務管理

クレーム回答は、問われている真意を適切に感受しなければならない。真摯に受け止め、社会的にも道義的にも責任を果たす姿勢を回答書の初めに明確に記述すると、申告者が抱くクレームの扱い方についての心配を拭い去ることができる。申告されたクレーム内容をどのように受け止め、調査方針を立て実施したかを前もって明らかにすると、「そこまできちんと調べてくれたのか」と理解を深めてもらえる。

そして、調査の結果わかった事実を客観的に記述して、その上で考えられる原因を明確にするようにすることが肝要である。原因が特定できなかった場合や、明らかに消費者の取り扱いミスや他の食材が原因であるかもしれない場合であっても、頭ごなしに「原因は当社にあるのではない」と否定するのでは、申告者が感情的になり、顧客拡大の機会を失うおそれもある。

また、申告内容によってはクレーム品と同じ製造日の記録を検証し、同様な原料や製造工程を経た製品の総数量に対し、別の販売ルートによる同様なクレームの発生状況についても調査すると、状況を了承してもらえやすくなるかもしれない。

11.4.1　クレーム回答事例

購入した押し寿しを食べたところ、嘔吐・下痢をしたという申告があった場合の回答事例を、以下に示す。

○○　○○○様

クレーム調査報告書

　この度は、ご利用いただいた製品でクレームを発生させてしまい、大変申し訳ございませんでした。当社では緊急に検食用サンプルにて、客観的評価を求めるため、登録検査機関（○○○検査会社）による検査を進めさせていただきました。急ぎ、結果と今後の対策をご報告させていただきます。

1. クレーム現品調査

　当社では『押し寿し』の当日製造検食用サンプルを用いて、県の衛生アドバイザーの指導を賜り、登録検査機関にて分析検査を進めさせていただきました。また、製造日当日の工程管理状況の調査と同一クレームが他に発生していなかったか、過去を含めた調査も進めました。

2. 調査の結果

　1) 検査結果から

　　検食用サンプルの人体危害に係る有害微生物を含めた6項目の微生物検査を行いました。結果は以下のとおり食品衛生法に照らし、異常は認められませんでした。

検査項目	結果値	考　察
一般生菌数	6.1×10^2 cfu/g	汚染指標菌の存在が認められません。また、菌数増加が極めて少なく、劣悪環境に暴露された様子はほぼ無かったと推察され、健康被害を引き起こす菌の増殖、または腐敗変敗となる菌の増殖は認められませんでした。
大腸菌群	陰性	
黄色ブドウ球菌	陰性	有害食中毒菌の存在は確認されませんでした。
病原性大腸菌	陰性	
セレウス菌	陰性	
腸炎ビブリオ	陰性	

　2) 同一クレームの発生状況

　　製造当日はおよそ2,500本の押し寿しを出荷したため、他に同様なご申告が無いかも確認しましたが、現在まで他に1件も賜っていないことが確認できました。仕入先にもあわせて問い合わせましたが同様クレーム発生は認められていませんでした。このことから拡散性は、現時点では極めて低いと推察しております。

　3) 過去に遡った調査の結果

　　この商品につきまして、開発以来5年を経過していますので、類似現象がなかったかを当社でのクレーム履歴もあわせて調査しましたが確認されませんでした。

　4) 製造工程調査

　　当社は、仕入れた冷凍鯖フィレを解凍、焼成を行い、冷蔵保管を行なっております。当日使用しました製品が受入基準（日付、品質、官能検査）に適合していたか、また適切な製造工程を経て冷却保管され、必要数量だけを取り出し、調理加工していたかを従業員との調査で確認をいたしました。また、焼成温度、時間、荒熱取りの時間と到達温度、出荷までの保管温度と時間についても当社基準に照らして不具合がなかったこともあわせて確認いたしま

した。
3. 調査結果を踏まえた対応につきまして

　上記ご報告の通り、残念ながら原因の究明に至りませんでしたが、当社ではご申告の内容を真摯に受け止め、社員への発生状況の説明と今後、更に厳しく使用原料の品質、鮮度、官能検査などの品質管理体制を強化するよう指導いたしました。この度ご利用いただきました商品で大変ご迷惑をおかけし本当に申し訳ございませんでした。これを機会に当社は、更に品質管理強化に邁進いたします。誠に申し訳ございませんでした。

2011年3月17日
○○食品
営業部長　○○　○○

11.4.2　クライシス・コミュニケーション[1)]

　「クライシス・コミュニケーション」とは、危機発生直後における、各利害関係者に対する迅速かつ、適切なコミュニケーション活動のことである。特にメディア対応の在り方は、その後の被害の大小を決定づける重要なポイントとなっている。

　取り返しのつかない大きな事件を発生させてしまったと考えてみよう。当然、当事者による顛末情報公開を記者会見で行う必要がある。危機的状況下におかれていても、しっかりと事態に対する危機管理情報公開を行うことは、事業防衛として大切なことである。それは、信頼を失うことなく、さらには評判を高める場合もあるからである。「取材されてもいい、報道されてもいいから、事実が正しく伝わることを目指そう」——このように判断し、客観的事実だけの情報公開で済んだのであれば、第一段階は成功したと考えてもよいであろう。表11.3に、クライシス・コミュニケーションの本質について示した。

表11.3　クライシス・コミュニケーションの本質

第一目的	風評による二次被害から組織を守る	マスコミ、消費者等ステークホルダー（利害関係者）からの誤解を避ける
第二目的	クライシスを乗り越え、持続可能な成長をめざす	ステークホルダーの共感を得る。「この不祥事にめげず、がんばれ！」
特　性	クライシス・コミュニケーションは、サイエンス	原因と結果が明白⇒ロジックがある⇒再現性がある⇒改善できる！
注　意	組織犯罪を隠蔽するものではない	記者にはいつか見抜かれる 内部告発もある

11.5　情報公開のスピードと消費者への配慮

　事故が発生してからの情報公開が遅れると、その間マスコミは事態の情報を報道し続け、さらには批判めいた内容も報じられるようになる。さらに、情報公開を行った後にも引き続きネガティブな報道が繰り返されると、事業継続、再開はますます困難になると考えられる。

　情報公開は、事件の重大さに応じて対処するのでなく、事故の大きさに関係なく迅速になされる必要がある。マスコミによる報道の取り扱いが事件の重大性とは必ずしも比例しないことは、過去の原子力発電所事故などの報道量をみてもうかがい知ることができる（**表11.4**）。

　事故発生段階をステージ1として、ステージ2を「内部調査」、ステージ3は「検討」、ステージ4「意思決定」、ステージ5「関係者への通知」、そしてステージ6が「情報公開」とした場合、情報公開が遅れる理由は、①ステージ2の内部調査に手間がかかってしまった、②ステージ3の検討段階であいまいに終わらせたり、放置したりしてしまったことが考えられる。さらには、ステージ4の意思決定で判断を間違えてしまうケースもある。このステージ4の意思決定においては、現場で「別にいいんじゃない？　報告する必要なんてないよ」といった判断や、社長が「そんことバレないから、黙って済まそう」「そんなに大げさにしなけりゃならないことか？」「情報公開したら、パニックになる…　だから公表なんてしない方がいい」などといった暢気な判断をした結果、結局、会社ぐるみで積極的に隠蔽を行ってしまった、といったことにならないようにしなければならない。

　一方、専門家が事故に対する評価を行う際に陥りやすいこととして、過小予測を行うことがある。「○○だから大丈夫」と冷静に判断したことが、不安を募らせている市民感覚とズレが生じてしまう。このことが、情報公開を遅らせる要因になる可能性もある。

　また、スピードを重視するあまり、専門用語が頻繁に使用される場合が多々ある。情報公開の説明方法については、「事故の当事者は聞いている側にわかりやすく説明してほしい」、「聞いている側にとっては、知らないことやわからないことが多い」、「特に技術的なことは丁寧に説明してもらいたい」という意見があり、これらの点についても配慮が必要

表11.4　科学リスク評価と報道量は比例しない

事故のリスクが高かった順 (国際原子力事象評価尺度)	報道回数が多かった順 (全国紙4紙／朝日、毎日、読売、日経)
1.　JCO 臨界事故［レベル4］	1.　東京電力柏崎刈羽原発地震被災（74回）
2.　動燃再処理火災爆発［レベル3］	2.　JCO 臨界事故（69回）
3.　関西電力美浜原発2号機事故［レベル2］	3.　東京電力トラブル隠し（59回）

である。

　企業のトップには、「隠す」「逃げる」という選択肢はない。迷っているとタイミングを逃してしまうので、誠実第一主義に基づいて情報公開を行うべきである。次に、情報の垂れ流しは混乱を引き起こすことになるので、企業哲学と倫理に照らし、戦略をもってメッセージを発信するべきである。

　一方、マネジメントにおける文書化が進むとともに、コンサルタントの影響も相まって、最近はトップの謝り方が皆同じように聞こえてくる。「取りあえず、これだけ言ってお茶を濁しておく」といった感じになっているように見える。技術や知識も大切であるが、クレームや事故に際しての対応は、何よりも誠意をもって解決に努力する姿勢を示すことが大切である。

参 考 文 献
1) 宇於崎裕美：安全・安心とクライシス・コミュニケーション、安全工学 49(2)、78-86 (2010)

（高澤　秀行）

■ 編者紹介

矢野俊博（やの　としひろ）

1969 年	京都大学農学部　文部技官
1978 年	立命館大学理工学部　卒業
1993 年	石川県農業短期大学　食品科学科　助教授
1996 年	同　教授
2005 年	石川県立大学　生物資源環境学部　食品科学科　教授
	現在に至る．

北陸 HACCP システム研究会　会長，石川県食品安全安心懇話会　座長

著書：『食品の腐敗変敗防止対策ハンドブック』（サイエンスフォーラム，共著）
　　　『食品への予防微生物学の適応』（サイエンスフォーラム，共著）
　　　『医薬品における製造環境の設計，維持，管理とバリデーション』（技術情報協会，共著）
　　　『HACCP 必須技術』（幸書房，共著）
　　　『食品の無菌包装』（幸書房，共著）
　　　『管理栄養士のための大量調理施設の衛生管理』（幸書房，共著）
　　　『実践!!　食品工場の品質管理』（幸書房，共著）

実践!!　食品工場のハザード管理

2011 年 9 月 30 日　初版第 1 刷発行

編　者　矢　野　俊　博
発行者　桑　野　知　章
発行所　株式会社　幸　書　房
〒101-0051　東京都千代田区神田神保町 3-17
TEL03-3512-0165　FAX03-3512-0166
URL　http://www.saiwaishobo.co.jp/

組版　デジプロ
印刷　シ ナ ノ

Printed in Japan.　Copyright　Toshihiro YANO．2011
無断転載を禁じます。

ISBN978-4-7821-0358-6　C3058